# 智能＋

## AI赋能传统产业
## 数字化转型

刘东明◎著

中国经济出版社

CEPH

CHINA ECONOMIC PUBLISHING HOUSE

·北京·

## 图书在版编目（CIP）数据

智能＋：AI赋能传统产业数字化转型／刘东明著.
—北京：中国经济出版社，2019.6（2020.3重印）
ISBN 978-7-5136-5659-7

Ⅰ.①智… Ⅱ.①刘…Ⅲ.①人工智能—影响—产业结构调整—研究
Ⅳ.①TP18②F264

中国版本图书馆 CIP 数据核字（2019）第 077302 号

责任编辑　张梦初
责任印制　巢新强
封面设计　水玉银文化

出版发行　中国经济出版社
印 刷 者　北京力信诚印刷有限公司
经 销 者　各地新华书店
开　　本　710mm×1000mm　1/16
印　　张　16.75
字　　数　210 千字
版　　次　2019 年 6 月第 1 版
印　　次　2020 年 3 月第 2 次
定　　价　58.00 元

广告经营许可证　京西工商广字第 8179 号

中国经济出版社 网址 www.economyph.com 社址 北京市西城区百万庄北街 3 号 邮编 100037
本版图书如存在印装质量问题，请与本社发行中心联系调换（联系电话：010-68330607）

# 编委会成员名单

# 前言

　　近几年，随着计算能力不断提升、算法模型逐步完善、数据资源融通共享，人工智能在各行业的落地应用进程明显加快，为传统行业的转型升级注入了强大推力。财富杂志、华尔街时报将 2017 年称为"人工智能商业化、产品化应用元年"；2018 年上半年中国人工智能企业融资规模达 402 亿元，超过 2017 年全年，上演了一场人工智能企业的集体狂欢等，均预示了人工智能在商业领域将爆发出惊人能量。

　　2019 年 3 月 5 日上午，十三届全国人民代表大会第二次会议在人民大会堂开幕，国务院总理李克强在会议上作《政府工作报告》。在 2019 年的政府工作任务中，李克强总理指出：

　　"促进新兴产业加快发展。深化大数据、人工智能等研发应用，培育新一代信息技术、高端装备、生物医药、新能源汽车、新材料等新兴产业集群，壮大数字经济。坚持包容审慎监管，支持新业态新模式发展，促进平台经济、共享经济健康成长。加快在各行业各领域推进'互联网＋'。"

1

"推动传统产业改造提升。围绕推动制造业高质量发展，强化工业基础和技术创新能力，促进先进制造业和现代服务业融合发展，加快建设制造强国。打造工业互联网平台，拓展'智能＋'，为制造业转型升级赋能。支持企业加快技术改造和设备更新，将固定资产加速折旧优惠政策扩大至全部制造业领域。强化质量基础支撑，推动标准与国际先进水平对接，提升产品和服务品质，让更多国内外用户选择中国制造、中国服务。"

也就是说，人工智能并非仅是一种新技术，更是未来推动经济社会发展的重要基础设施。坚持应用导向，加快人工智能科技成果在各行业的商业化应用，既是发展人工智能的强力手段，也是我国抢占智能时代战略制高点、形成核心竞争力的必然选择。目前，人工智能产品已经走进了我们的日常生活，改变了人们的生活方式。智能手机、可穿戴设备、智能家居等产品使人们的生活愈发丰富多彩；半自动驾驶汽车、智慧交通系统、智能停车系统等可以有效提高人们的出行效率，降低出行成本；医疗导诊机器人、康复医疗机器人成为病人恢复健康的有力助手；等等。

虽然人工智能技术研究发展已经有了60多年的时间，但形成一定规模的产业化应用是近几年的事情。此前，由于技术、成本等诸多方面的限制，人工智能产品并没有得到大规模推广普及，大众更多地将人工智能视作一种存在于科幻电影中的虚无缥缈的事物，直到近几年，在智能手机上线各种智能语音产品（比如苹果手机的Siri），百度、谷歌等人工智能巨头测试无人驾驶汽车，AlphaGo击败世界围棋冠军等多种事件的综合作用下，人工智能的概念得以被大众广泛认知。

也就是说，人工智能赛道的竞争序幕刚刚开启。本质上，人工智能的产业价值是由大数据驱动的，而百度、阿里、腾讯、谷歌、亚马逊等凭借自身积累的海量数据在竞争中具有一定的领先优势，但在教育、交通、医疗等领域培育前景可观的人工智能市场绝不是一两家企业能够完成的事情，所以，这些行业领先者无一例外地选择了"打造开放平台、扶持技术创新、构建生态联盟"的布局策略。

因此，创业者及小微企业不能也不应该在人工智能商业化应用风口中隔岸观望，每个个体和组织都有大展拳脚的掘金机会，但前提是能够做到结合自身的实际情况选准切入点，"小步快跑、快速迭代"。为此，我们需要理清人工智能在各行业落地的思维、趋势、应用场景、增长逻辑、实践路径。这样才能精准切入，充分利用有限的资源，在人工智能商业化应用风口中分一杯羹，这也正是我创作本书的初衷。

本书的重点并非要分析复杂深奥的人工智能技术体系，而是详细解读人工智能在各行业落地的应用图谱。比如，让读者掌握"AI＋"的思维方式；使企业开启智慧化转型进阶；让营销人员借助人工智能实现精准营销；使教育工作者借助人工智能培养更多的优秀人才等。

为了推动人工智能产业的可持续发展，我国政府于 2017 年 7 月推出了《新一代人工智能发展规划》，规划中提出了"三步走"实现"到 2030 年将我国打造成为世界主要人工智能创新中心，智能经济、智能社会取得明显成效"的战略目标。这是国家从顶层设计层面对人工智能商业化应用进行的重大战略部署，具体的实践策略还需要广大创业者和企业自行探索。

从诸多实践案例来看，人工智能商业化应用得以落地的关键在于能够融入人们的日常生活，激活庞大的消费需求，这样其发展才有更多的生机与活力，而不是沦为依赖资本加持与媒体热炒的科技泡沫。这提醒相关从业者要放下浮躁焦虑的心态，静下心来分析市场、洞察用户。

未来，人工智能产品将会像水和电一般，成为人们日常生活中不可或缺的有机组成部分。当然，距离人工智能商业化应用走向成熟还有很长的一段路要走，需要政府、科研机构、企业、资本方等各方的携手共建。在这个过程中会涌现出很多创造"独角兽"企业的机遇，让那些积极创新、敢于试错的企业走上舞台中央，和国内外巨头一较高下。

本书围绕人工智能的商业化应用，对人工智能如何构建智能商业时代的逻辑、内涵进行深入分析，重点选取了企业经营管理、营销、零售、教育、医疗、金融、交通等人工智能应用热点领域，并对其具体应用策略进行全方位、立体化地系统解读，冀望能够给读者、决策者以及相关企业提供有效指导与帮助。

考虑到人工智能商业化应用的复杂性，本书尤其注重实操性，选取了阿里云 ET、蚂蚁金服、百度教育、京东 JIMI、亚马逊 Echo 智能音箱等经典案例。虽然盲目复制并不可取，但通过解读这些案例，我们可以理清人工智能在各行业商业化应用的产业生态、应用场景、未来趋势等，从而有效降低试错成本，提高创新成功率。由于专业领域和视野所限，本书很难做到面面俱到，书中未免存在错漏或不当之处，恳请读者不吝指正。

# 目 录

1

# 1

## "智能+"：国家战略下的行动路线图

# 1.1 "智能＋"：中国经济增长新引擎

## "智能＋"：数字经济发展新动能

2019 年 3 月 5 日上午，十三届全国人民代表大会第二次会议在人民大会堂开幕，国务院总理李克强在会议上作《政府工作报告》。在 2019年的政府工作任务中，李克强总理指出：

"促进新兴产业加快发展。深化大数据、人工智能等研发应用，培育新一代信息技术、高端装备、生物医药、新能源汽车、新材料等新兴产业集群，壮大数字经济。坚持包容审慎监管，支持新业态新模式发展，促进平台经济、共享经济健康成长。加快在各行业各领域推进'互联网＋'。"

"推动传统产业改造提升。围绕推动制造业高质量发展，强化工业基础和技术创新能力，促进先进制造业和现代服务业融合发展，加快建设制造强国。打造工业互联网平台，拓展'智能＋'，为制造业转型升级赋能。支持企业加快技术改造和设备更新，将固定资产加速折旧优惠政策扩大至全部制造业领域。强化质量基础支撑，推动标准与国际先进水平对接，提升产品和服务品质，让更多国内外用户选择中国制造、中国服务。"

2017 年，"人工智能"首次被写入《政府工作报告》；2018 年，"人工智能"再次在《政府工作报告》中被提及；2019 年全国"两会"，"人工智能"连续第三年写入《政府工作报告》中，成为促进新兴产业加快发展的新动能。

虽然这是"智能＋"概念首次出现在总理报告中，但其战略地位却被提升到了前所未有的新高度，被赋予了推动传统产业转型升级的重要使命。这标志着人工智能将逐步成为水和电一般的基础设施，成为各行业提质增效的重要驱动力量，深刻改变人们的生产生活。

#### ◆ 人工智能早已正式上升到国家战略

人工智能是最具颠覆性的科技前沿技术之一，是科技发展的主流趋势。在推进人工智能落地应用方面，我国走在了前列，在全球人工智能产品落地应用数量排行榜中高居首位；在人工智能投融资方面，此前，美国一家独大，而近几年我国迅猛追赶，后发优势非常强劲等。

人工智能产业能够取得这些骄人成绩，和政府的高度重视，并推出一系列利好政策存在直接关联。事实上，国务院早在 2015 年 5 月推出的《中国制造 2025》中就明确提出"以推进智能制造为主攻方向"。此后，政府又在《"十三五"国家创新规划》《新一代人工智能发展规划》等多份文件中公布推动人工智能研究与应用的国家政策。

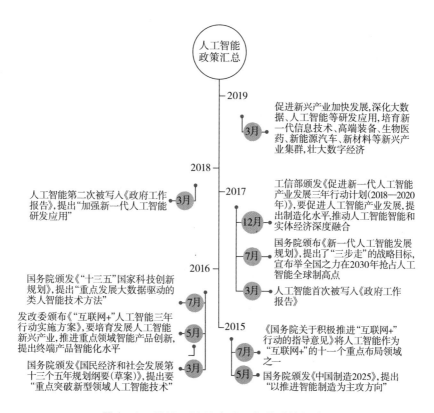

图1-1 2015—2018年人工智能政策汇总

◆ 从"互联网+"到"智能+"

实践证明，"互联网+"在全国掀起了创新创业热潮，是推动中国经济持续稳定增长的"新引擎"。而"智能+"是各行业开展智能化、智慧化转型升级的重要驱动力，是我国抢占数字经济高地的关键所在。

那么，我们应该如何理解"智能+"？本质上，"智能+"是将人工智能创新成果和经济社会各领域融为一体，促进技术与商业模式创新、实现效率提升与成本控制，为实体经济注入新动能。当然，这也意味着人工智能成为经济社会发展的基础设施和创新要素。

和欧美发达国家相比，虽然我国人工智能研究起步时间较晚，但发展速度比较有优势，特别是近几年我国人工智能技术研发和产业应用进程更是明显加快。目前，应用语音识别、自然语言处理、计算机视觉等人工智能技术的产品与服务大量涌现，比如科大讯飞推出的"晓译翻译机"、旷视科技推出的"Face ID 在线人脸身份验证"等，给人们的生活与工作带来了诸多便利。

需要指出的是，我国人工智能发展优势主要集中在应用部分，而在底层算法引擎、基础性研究方面仍处于一定劣势。未来，在政府的大力支持、创业者与企业的争相涌入、科技巨头广泛布局全产业链等诸多利好因素综合作用下，我国人工智能底层算力和核心技术研究发展进程将明显加快。这将有力推动制造业等传统产业实现智能化转型升级，实现国民经济的持续稳定增长。

更为智能的机器、更具智慧的人机交互，以及更为人性化、智慧化的网络，是"智能＋"时代的重要特征。"智能＋"将爆发出前所未有的惊人能量，为各行业带来颠覆性的产业革命，真正实现科技创造美好生活。

### "智能＋"赋能制造业转型升级

随着市场竞争日渐加剧，中国制造业创新能力不足、融资成本高、品牌认可度低等短板愈发突出。而目前全球制造业正迎来新一轮洗牌期，新兴经济体加强开发合作力度，主动承接产业和资本转移；发达国家进一步提高对制造业的重视程度，借助第四次科技革命发力高端制造。这种背景下，中国制造业想要破局突围，关键在于对传统产业进行改造升级。

传统产业是我国实体经济最重要的组成部分，也是稳定经济增长、改善民生福祉的主体力量。政府工作报告中明确指出了"智能＋"对推动传统产业改造升级的重要价值，这为制造业等传统产业发展指明了方向。

我们可以从三个方面来认识先进制造业中的"先进性"：

（1）产业先进性：具备较高的附加值和技术含量的高新技术产业和新兴产业发展具有明显领先优势。

（2）技术先进性：物联网、大数据、云计算、人工智能等技术在制造业各环节全面渗透。

（3）管理先进性：比如流程优化、发展理念与商业模式创新等。

"智能＋"在给制造业带来智能科技等先进技术的同时，更带来了新思维、新理念、新业态，可以有力地推动管理创新，是我国制造业从传统制造业迈向先进制造业的必然选择。

### ◆2019年两会代表对"智能＋"的深度解读

2019年两会上，多位人大代表从不同视角上对"智能＋"进行了专业解读，为创业者和企业建立"智能＋"落地解决方案提供了宝贵的借鉴经验。

全国人大代表、科大讯飞董事长刘庆峰指出，人工智能产业将会展现出两个方面的发展趋势：一方面，我们将迎来"万物互联"时代，步入以语音为主、键盘触摸为辅的全新人机交互时代；另一方面，认知智能将会实现规模化应用，以人机耦合的方式和各行业知识相融合，为产业发展注入新动能。

为了抢占人工智能发展新风口，刘庆峰建议国家做好人工智能基础设施建设，使人工智能在生产生活的方方面面得到应用，比如：推动义务教育均衡发展，实现因材施教；提高基础医疗水平，借助"智医助理"指导医生决策……在这个过程中，对社会投入结构进行不断优化，并推动社会服务能力提高，使人民获得更多的获得感、幸福感，建设美好世界。

全国政协委员、中国信息通信科技集团董事长童国华指出，智能技术在传统产业转型升级中将发挥不可取代的关键作用，是推动产业发展、促进新旧动能转换的支撑性技术。为此，建议国家加快推进工业互联网、人工智能、大数据等新兴技术研究与应用，对产业结构进行持续优化，提高经济发展质量，抢占发展先机。

全国人大代表、联想集团董事长兼 CEO 杨元庆指出，对全价值链各环节进行智能化改造，对接国际先进标准，是发展中国制造的亟需解决的问题。为此，建议国家大力发展智能物联网，促进人工智能和垂直行业的深度融合，用"智能＋"为传统制造业赋能，创造并释放"效率红利"。

在"智能＋"的支持下，传统制造业可以实现产品及其生产制造过程的智能化。在产品智能化方面，智能制造企业推出的空调、冰箱、空气净化器等智能家居产品，可以用语音、图像等方式和人进行交互，提高人们生活便捷性、趣味性；在产品生产过程智能化方面，智能制造企业可以利用人工智能技术在产品设计阶段预测用户需求，实现个性产品的自动化生产，大幅度提高生产效率，并降低企业运营成本。

### ◆拓展"智能＋"，打造工业互联网平台

推动制造业的智能化升级，需要打造工业互联网平台。工业互联网的强大渗透性，可以为工业发展提供完善的基础设施，同时，推动实现资源要素配置优化和产业链一体化管理，拓宽产业链发展的广度与深度，并建立开放合作、共建共享的新产业体系。

工业互联网平台依托对海量工业大数据的搜集、处理、存储与应

用，能够实现制造资源的弹性供给、泛在连接及高效配置。近年来，我国政府为发展新技术制定了具有较强连贯性、协同性的顶层设计与战略规划，"互联网 +""人工智能""大数据""云计算""5G"等新一代信息技术在政府工作报告中多次亮相。

在国家的积极推动下，新一代信息技术研发与应用步入快速发展期，为建设工业互联网平台提供了强大的技术支持。同时，"提速降费"自 2017 年以来连续三次被写入政府工作报告，为工业互联网赋能制造业提供了广阔的想象空间。

目前，我国工业互联网体系架构初步成型，成为推动家电、钢铁、石化、装备、航空航天、电子信息等行业发展的重要力量。2018 年 11 月，工信部副部长陈肇雄在第五届世界互联网大会"工业互联网的创新与突破"论坛上指出，国家对工业互联网发展高度重视，国内工业互联网平台取得长足发展，有一定影响力的工业互联网平台超过了 50 家，国内工业设备连接数量已经突破 10 万台，大数据、App、智能网关等产业成为行业发展的热门领域。

当然，推动制造业等传统产业的转型升级是一项长期而复杂的系统工程，需要消除我国在数据采集能力、工业基础设施、质量标准、信息安全等方面和发达国家的差距。而自主创新能力不足、人才培养体系不完善、资金缺乏等，成为限制我国制造企业转型的痛点。

对于这些问题，李克强总理在政府工作报告中表示，为企业加快技术改造和设备更新提供支持，在全制造业领域推行固定资产加速折旧优惠政策。这种背景下，广大制造业从业者需要理清自身在制造业"智能 +"转型中的角色定位，积极借助"智能 +"工具和思维推动产品与服务创新，提高效率，控制成本。

制造业是国家生产力水平的直接体现，也是区别发展中国家和发达国家的重要因素。借助"智能＋"推动制造业发展，提高我国制造业国际竞争力，是推动我国从制造大国迈向制造强国，推动国民经济快速稳定增长的必然选择。

## 推动 AI 与实体经济的深度融合

科技发展为经济增长注入了新动能，2019 年 3 月 11 日，科技部发言人在十三届全国人大二次会议新闻中心记者会上指出，2018 年中国科技进步贡献率达 58.5%。在人工智能浪潮席卷全球背景下，如何借助人工智能抢占发展制高点，推动人工智能和实体经济的深度融合，是我国面临的时代课题。

近 10 年来，算法、数据及算力的突破，为人工智能产业发展提供了巨大推力。在此基础上，机器学习、深度学习等技术有了长足发展，并爆发出了惊人能量，驱动着人类步入以算法为核心的 AI 时代。

马云曾指出："AI 是技术，但又不是一项具体技术，它是认识外部世界、认识未来世界、认识人类自身的一种思维方式。"人工智能将在所有和数据相关的领域中得到应用，使众多的垂直领域实现智能化、智慧化。深度学习算法赋予了机器自主学习的能力，在语音、图像、自然语言处理等领域得到广泛应用，并推动了诸多新兴产业的快速发展。

通过人工智能革新产品与服务，进一步提高生产力水平，为中国经济提质增效提供了长效解决方案。人工智能底层技术的革新，使智能机器不但可以更好地认识物理世界，更能在一系列个性化场景中得到落地应用。微软、谷歌、IBM、百度、阿里、腾讯等科技企业将布局 AI 视为制胜未来的一项重要战略。各国政府也纷纷出台了国家级人工智能战略规划，从顶层设计角度上为推进人工智能产业发展提供指导。

◆**人工智能对实体经济的影响**

在经济学中，衡量新技术对经济的影响，需要分析全要素增长率。人工智能可以重构经济发展基础，对人类社会带来颠覆性革新。具体而言，人工智能对实体经济的影响主要体现在以下几个方面：

图 1-2　人工智能对实体经济的影响

（1）提高实体经济运行效率。

人工智能是一种新型生产要素，为实体经济提供了虚拟劳动力，可以协助或取代人工完成各种任务。传统自动化系统仅能完成重复性、机械性工作，应用条件较为苛刻。而智能系统可以自主学习、思考、决策并执行，不但可以完成简单工作，还能处理复杂任务。这将有效降低生产成本，提高实体经济运行效率。

（2）进一步降低交易成本。

基于人工智能的开放平台能够打破沟通壁垒，实现供给方与需求方的无缝对接，减少商品流通环节，有效降低交易成本。更为关键的是，机器学习算法的应用，能够快速整合优质资源并高效配置，从而满足用户日益个性化、多元化的品质消费需求。

（3）人工智能将带来数据经济。

数据产业是高新技术产业的典型代表，大数据、云计算、人工智能等技术的发展，使发掘海量数据的潜在价值具备了落地可能。英国政府发布的 *Growing the artificial intelligence industry in UK*（《在英国发展人工智能》）报告中指出，预计从 2015 年到 2020 年，数据可能使英国经济受益高达 2410 亿英镑。和英国相比，我国数据产业规模更大，在人工智能等技术的支持下，可以创造更大的经济效益。

◆ **推动 AI 与实体经济的深度融合**

近几年，我国政府从多个层面为人工智能产业发展提供支持。发展实体经济是国民经济的基础，也是提高我国综合国力和国际竞争力的重要手段。推动人工智能和实体经济深度融合，有助于推进人工智能科研成果转化，为实体经济增长打造"新引擎"。

虽然人工智能发展历史已经有了 60 多年的时间，但此前它更多地停留在实验室阶段，大众对人工智能的印象以科幻电影中的机器人形象为主。而目前人工智能应用大量涌现，人工智能概念得到大范围推广普及，大众也能体验到多种人工智能产品和服务。为了加快人工智能发展进程，充分释放其红利，我国需要从以下三方面着手，为推动人工智能与实体经济深度融合提供强有力支持。

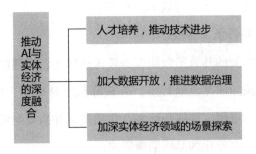

图 1-3　推动 AI 与实体经济的深度融合

（1）人才培养，推动技术进步。

人工智能产业是智力密集型产业，人才对其发展有着直接影响。和美国等发达国家相比，我国人工智能人才储备相对不足，学术人才、科研人才，以及面向实际应用的专业人才都是稀缺资源。

为了解决人才问题，我国需要建立完善的人工智能人才培养体系，重视人工智能学科建设，引导高校、科研机构和企业协同合作，构建应用导向型人才培养模式，为人工智能产业的持续发展奠定良好基础。此外，政府还需要做好人工智能技术科普工作，提高全民科技素养，为人工智能人才培养营造优良的社会环境。

（2）加大数据开放，推进数据治理。

我国有着庞大的数据资源，但由于理念落后、起步时间较短等，完善的数据开放、交易格局尚未形成。数据开放是世界各国的主流趋势，但开放数据的前提是安全、合规。为此，政府需要在推进数据开放的同时，加快完善数据开放法律法规及相关标准，促进政府部门、高校、科研机构、企业之间安全高效地进行数据共享，为发展人工智能提供源源不断的数据支持。

（3）加深实体经济领域的场景探索。

将人工智能科研成果转化为可以创造经济效益和社会效益的产品和服务，是人工智能产业实现可持续增长的前提。推进人工智能和实体经济的深度融合，也正是强调人工智能在实际场景中的落地应用。我国在人工智能场景应用方面虽然有一定领先优势，但应用层次相对较浅，远未能充分发挥出人工智能对产业改造升级的强大能量。因此，未来相关从业者需要精准把握用户需求痛点，进一步增强人工智能在实体经济领域的应用场景探索，用科技造福社会。

## 全球各国的人工智能战略与路径

人工智能是新一轮科技革命的重要驱动力，世界各国纷纷对其给予高度重视，将其提升至国家级战略高度，为其制定前瞻性、系统性战略规划和落地方案，争取在人工智能风口中抢占先机。下面选取了美国、欧盟、德国、日本等具有较强代表性的发达经济体，对其人工智能战略规划及落地路径进行简要分析。

### ◆美国：确定七项长期战略

美国在全球人工智能领域拥有一定的领先优势，美国政府更是推动当地人工智能产业发展的关键力量。比如美国政府出台了《为人工智能未来做好准备》《国家人工智能研究与发展战略规划》等多份文件，将人工智能升级为美国国家战略，并为其研究与应用制订战略规划。具体而言，美国政府为推进人工智能产业发展制订了七项长期战略：

（1）将人工智能研发作为一项长期性重点投资领域。

（2）持续开发优秀的人机协作方式方法。

（3）研究人工智能发展可能带来的伦理、道德、社会影响，并制订有效应对方案。

（4）提高人工智能系统安全性、稳定性。

（5）为人工智能数据集共享和环境测试建立综合平台。

（6）为人工智能技术建立评估标准和基准。

（7）充分把握人工智能人才需求。

### ◆欧盟：全球最大民用机器人研发计划

早在2013年，欧盟委员会便与欧洲机器人协会 euRobotics 联合启动全球最大的民用机器人研发计划"SPARC"。该计划指出，到 2020 年，欧盟委员会和 euRobotics 将共计投资 28 亿欧元（前者投资 7 亿欧元，后者投资 21 亿欧元）支持机器人研发，推动机器人在交通、农业、家庭、健康、安全、制造业等领域的落地应用。该计划可为欧洲创造 24 万个就业岗位，将欧洲机器人行业年产值提高至 800 亿欧元，在全球人工智能市场中占据 42% 的市场份额。

2018 年 4 月 25 日，欧盟委员会发布政策文件《欧盟人工智能》，该文件指出，欧盟将秉持以人为本的人工智能发展理念，通过建立人工智能价值观引导人工智能产业发展，造福个人和社会。欧盟人工智能价值观包括以下三大战略支柱。

（1）增强人工智能技术和产业能力，使人工智能在各行业得以全面渗透。

（2）积极应对人工智能给社会经济带来的变革。

（3）建立适当的伦理和法律框架，规范人工智能产业发展。

### ◆ 英国：要领导第四次工业革命

早在 2013 年，英国便将"机器人技术及自治化系统"纳入"八项伟大的科技"计划，意欲在第四次工业革命中抢占先机。2018 年 4 月，英国发布《产业战略：人工智能领域行动》文件，从整体目标、民众、基础设施、商业环境、社区五大角度提出了人工智能落地的具体行动措施。

（1）整体目标：打造世界最创新的经济。

（2）民众：为全民提供好工作和高收入。

（3）基础设施：升级英国的基础设施。

（4）商业环境：打造最佳的创业环境。

（5）社区：建设遍布英国的繁荣社区。

**◆德国："工业4.0"计划**

德国政府在2013年4月推出的"工业4.0"战略中明确指出，要大力发展人工智能产业，对机器感知、规划、决策、人机交互等核心技术展开深入研究。2018年7月，德国政府出台了一项关于发展人工智能的纲领性文件，该文件中指出，要将德国打造成为全球领先的人工智能科研场，促进科研成果快速转化，并实现管理现代化，构建品牌"人工智能德国造"（AI Made in Germany）。

2018年11月，德国政府在内阁会议上提出了一项人工智能战略，预计到2025年投资30亿欧元支持德国人工智能产业发展，为德国新增不低于100名人工智能领域的教授席位，并扩建人工智能研发中心。

**◆日本：分3个阶段推进人工智能**

日本政府为推进人工智能产业发展，建立了"人工智能战略委员会"。2017年3月，日本政府制定人工智能产业化路线图，分3个阶段推进人工智能在推动制造业、物流业、医疗等行业的发展应用。

（1）第一阶段（从2017—2019年）：大力研发无人工厂、无人农场技术；借助人工智能技术变革药物研发；利用人工智能预测并实时监测生产设备故障。

（2）第二阶段（从2020—2030年）：实现人员和货物无人化运输；针对个人进行定制药物开发；民众可以利用人工智能管理家庭设备。

（3）第三阶段（2031年后）：看护机器人走进家庭；利用人工智能对人的潜在需求进行分析，实现需求可视化。

# 1.2　人工智能的概念内涵与技术原理

## 人工智能：概念、内涵与构成

在相当长的一段时间里，由于技术、成本等因素，人工智能仅是少数精英群体的小圈子话题。而近年来，随着智能语音助手、智能机器人、自动驾驶汽车等产品的出现，人们的传统认知被颠覆，人工智能已然成为社会各界热议的焦点话题。不难想象，未来，人工智能产品将会在学校、公司、社区、家庭等组织中广泛存在，成为人类社会的重要组成部分。

### ◆人工智能的概念与内涵

"人工智能"的概念可追溯到 20 世纪中期的美国，提出者为约翰·麦卡锡（John McCarthy）与共同参与达特茅斯大学学术会议的计算机科学家、信息学家、神经生理学家、信息学家等。通俗来讲，人工智能是在探索人类智能活动的基础上，运用智能技术创建人工系统，旨在将人的智力赋予计算机系统，用以代替传统的人工劳动。传统模式下只能靠人的智力完成的任务，在人工智能时代用计算机硬件及软件也能进行高效处理。

人工智能技术是 20 世纪 70 年代后全球三大尖端技术之一，也是 21 世纪世界三大尖端技术的组成部分。目前，人工智能已经拥有 60 多年的发展历史，涉及多个领域。人工智能作为一门独立的学科已经得到了国际学术界的认可，逐渐形成了完善的理论及实践体系，它可以将人类的思考、学习、规划、推测等智能行为赋予计算机，使计算机拥有人脑的部分功能，在信息处理过程中更好地体现计算机的价值。从根本上来说，人工智能是对人类思维过程的再现，是将人类智能转移到计算机上。

◆ 人工智能的四个认知维度

人工智能是一门典型的交叉型学科，是对人类智能进行模拟、延伸、扩展的一系列理论、方法、技术及应用系统。我们可以从以下四个维度来进一步认识人工智能。

（1）人工智能的分类：从模拟对象视角上，可以将人工智能分为模拟人脑运作的类人思维型人工智能、模拟行为结果的类人行为型人工智能、模拟其他事物的泛智能型人工智能；从应用领域视角上，可以将人工智能分为专用人工智能、通用人工智能、超级人工智能。

（2）人工智能的主要驱动因素：海量的行业大数据、不断增强的运算能力、持续优化的算法模型和多种场景的应用等。

（3）人工智能的表现方式：云智能、端智能，以及二者融合的智能。

（4）人工智能与人的关系：机器主导、人工主导、人机融合。

目前，人工智能处于从专用人工智能向通用人工智能过渡的阶段。

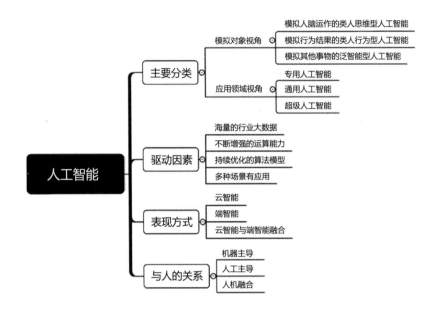

图1-4　人工智能的四个维度

和类人行为型人工智能产品相比，虽然类人思维型和泛智能型人工智能
产品出现较晚，但发展颇为迅速，已经成为人们更为高效、科学地解决
各种复杂问题的助手。

　　人工智能的研究与应用覆盖了治理自然环境、优化社会资源、维护
社会稳定、迎合消费需求及行为模式变化、创新商业模式、控制企业成
本、帮助人类处理爆炸式增长的海量数据等诸多方面。人是人工智能得
以实现的重要基础，同时扮演主导者、参与者、消费者的角色：

★主导者：为人工智能设计基本框架、算法模型等；

★参与者：提供、使用并反馈数据；

★消费者：获得各种智能服务。

以阿里云人工智能 ET（人工智能系统）为例，阿里云人工智能 ET 通过大数据及云计算技术对海量的行业大数据进行搜集、分析及应用，推动人类生产生活更为高效便捷，可以提供情感分析、交通预测、语音交互、图像及视频识别等多种服务。

对于普通用户，它可以提供个性推荐、视频分析、看图说话等智能服务，让人们更为高效低成本的处理各类信息；对于企业，它可以提供金融风控、智能客服、设备故障检测等解决方案，提高企业经营效率，降低经营成本；对于政府机构，它可以提供交通预测、舆情分析等服务，提高政府公共服务水平，增强其公信力，造福亿万民众。在浙江省杭州市市政府和阿里巴巴的合作项目中，通过建立杭州城市数据大脑，使杭州萧山区道路车辆通行速度平均提升 3% ~ 5%，部分路段提升 11%。

## 智能原理：引领全球战略布局

物联网、大数据、云计算、人工智能将是未来的基础性技术，为社会经济的长期稳定发展源源不断地提供巨大推力。如果我们将传统互联网看作一种硬件服务于软件算法和应用的事物，那么，人工智能就可以被理解为一种软件算法服务于实体硬件应用的事物。

更为关键的是，人工智能产品可以成为人的延伸。以智能手机为例，智能手机已经成为很多人生活与工作不可或缺的重要组成部分，而且它只不过是人工智能的一种浅层次应用。人工智能技术包括图像识别、语言识别、专家系统、自然语言处理等多种技术，皆能催生出高级人工智能应用产品。

### ◆人工智能的技术原理

智能感知、精确性计算与智能反馈是人工智能的核心部分，这三个环节依次展示了人工智能在感知、思考、行动维度的特性。

要想实现人工智能，首先要获取海量且丰富的各行业大数据，对具体场景进行客观描写，让计算机能够完成信息收集任务；其次要通过精确计算，对获取的数据资源进行分析，模拟人类大脑的思维过程，让计算机能够独立学习，做出科学判断并制定合理决策；最后要用媒介信息和肢体运动呈现上一步的决策结果，也可以通过外部设备向用户传递信息，促进用户与设备、设备与设备之间的信息交互，在这个过程中，人机交互界面的表达能力能够代表人工智能的发展程度。

在实现人工智能的过程中，要用到知识工程、专家系统、人脑仿生技术、机器学习算法，并依托智能控制技术模仿人类的控制行为。日益壮大的互联网业务为深度学习技术发展提供了海量的数据样本。应用深度学习技术对数据信息进行挖掘与分析，能够有效提升图像识别技术的精准度。深度学习技术依托人工神经网络发展而来，它能够提高计算机对图像、语音的识别能力，优化计算机图形处理器的性能，逐渐形成规模化、完善的人工神经网络系统。目前，百度、IBM、谷歌等都对深度学习技术进行了大范围的实践应用。

### ◆全球各国的人工智能战略布局

在认识到人工智能蕴藏的巨大发展潜力之后，许多国家都为该领域的发展投入更多的资金、资源支持。以美国为例，其人工智能产业发展的资金主要来源于公共投资，美国国家科学技术委员会下属的先进制造技术委员会于2018年10月5日发布了《先进制造业美国领导力战略》报告，提出了三大目标，展示了未来四年内的行动计划。此外，IBM致力于开发新型仿生芯片，将人脑的运算功能赋予计算机系统，如果该项目发展顺利，新产品预计会在 2019 年研发成功。

欧盟出台"地平线 2020"（Horizon 2020）研发及创新计划，为人工智能产业的发展提供公共投资支持，预计到 2020 年底投入大约 15 亿欧元，并通过公私合作计划投入 25 亿欧元。该计划意欲加强高精尖研究中心建设，为中小企业的人工智能技术发展和应用提供支持，加快人工智能测试和试验的发展。

2016 年 4 月，工业和信息化部、国家发展改革委、财政部等三部委联合印发《机器人产业发展规划（2016—2020 年）》，为"十三五"期间我国机器人产业发展描绘了清晰的蓝图。

2017 年 12 月 14 日，工业和信息化部印发《促进新一代人工智能产业发展三年行动计划（2018—2020 年）》，以信息技术与制造技术深度融合为主线，以新一代人工智能技术的产业化和集成应用为重点，推动人工智能和实体经济深度融合，加快制造强国和网络强国建设。

### 核心技术：AI 产业落地的关键

#### ◆计算机视觉

计算机视觉体现了计算机对图像中的物体、场景与活动的识别性能，它可以利用图像处理操作等技术对图像分析任务进行精细化分解，有效降低管理难度。对图像所含物体的边缘和纹理进行检测，以及通过对图像检测到的某种物体的特征进行分析，来辨别物体所属类别等，都是计算机视觉技术的典型应用。

目前，计算机视觉技术已经被应用到了诸多领域，比如，医疗领域的医疗成像分析、新媒体领域的照片中的人物自动识别、安防领域的嫌疑人指认、零售领域的对照片中的商品自动识别等。

#### ◆机器学习

机器学习技术赋予了计算机系统在没有显式程序指令控制下，自动利用海量数据提升自身性能的能力。机器学习可以通过处理海量数据来建立预测模型，比如监管部门可以将一个含有交易商家、地点、时间、金额、交易是否合法等信用卡交易信息的数据库交由机器学习系统进行处理，该系统将会建立对信用卡交易欺诈行为进行预测的模型，数据规模越大、质量越高，预测也就越精准。

机器学习技术同样有着广泛应用。在交通、电商等存在海量数据的领域中，机器学习技术在成本控制、效率提升等方面可以发挥非常显著的作用。目前，机器学习技术已经被应用至库存管理、矿产资源勘探、销售预测等诸多领域。

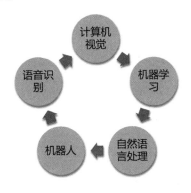

图1-5 人工智能的五大核心技术

#### ◆自然语言处理

自然语言处理赋予了计算机人一般的文本处理能力，使其可以对文本的含义进行解读，即自然语言理解。与此同时，它赋予了计算机用自然语言文本表达特定意图、思想的能力，可以对文本的含义进行表达，即自然语言生成。

比如，自然语言处理系统可以对文档中涉及的人、地点、话题等进行自动识别；对合同中的条款进行提取并制作成更便于人阅读的表格等。使用传统文本处理软件完成这些任务是几乎不可能的，但自然语言处理系统却可以在极短时间内高质量地完成任务。

自然语言处理整合了多种技术以便完成各种复杂任务。基于自然语言处理技术的语言模型可以对语言表达的概率分布进行预测，简单地说，就是一串字符或单次表达某种语义的最大可能性。以通过自然语言处理识别垃圾邮件为例，通过对邮件中的某些元素进行识别，可以将垃圾邮件和正常邮件区分开来，提高人的办公效率。

### ◆机器人

现代机器人将机器视觉、自动规划等认知技术整合到了传感器、制动器等硬件之中，是人类工作的助手，比如无人机、分拣机器人、装配机器人等。利用独特的设计和技术组合，可以让机器人适应各种场景中的作业需要。

### ◆语音识别

语音识别是一种使计算机理解人类语音的技术，其发展需要克服口音、噪声、辨别同音异义词等方面的问题，并且处理速度要适应人的语速。语音识别系统所需的技术和自然语言处理系统存在一定交叉。目前，语音识别技术已经被应用到了电话客服、医疗听写、语音书写、智能设备声控等领域。

上述五种技术是人工智能的核心技术，其产业化水平决定了人工智能行业的发展成熟度。毋庸置疑的是，未来的人工智能行业将是一个万亿级市场，催生一系列具有广阔发展前景的垂直产业，比如智能传感器、可穿戴设备、机器人等。

## 数据资产：AI 技术的底层逻辑

数据是信息时代的重要战略资源，是驱动人工智能的重要因素，那些来源丰富、覆盖广泛的行业大数据，更是企业重点争夺的战略资源。此前，困扰人工智能研究人员的，并非不能开发出先进的算法，而是高质量数据集的缺失。

大规模、高精准、高质量的各行业大数据是对人工智能进行训练的关键所在。通过对各类大型数据库及搜索结果数据进行发掘，企业可以有效提高人工智能产品的智能化水平。人工智能可以从来源广泛、规模庞大、类型复杂的行业大数据中找到其背后的联系与规律，为个体与组织的决策与行动提供有效指导。

不同人工智能技术需要的数据有所差异，比如，机器学习技术（包括计算机视觉、情感分析等技术）主要使用标签样本数据；模式识别技术（包括语音识别、人脸识别、指纹识别）则主要使用图像、语音、指纹、信号等非直观数据；人机交互技术则主要使用用户数据。

"互联网＋"在各行业的持续渗透，为搜集、分析及应用行业大数据奠定了坚实基础，企业可以在不影响用户体验的情况下，对其搜索、浏览、社交、电商、出行等数据进行搜集，从而帮助企业改善业务流程，为用户提供更为优质的商品与完善的服务。

掌握海量数据的互联网企业将得以不断强化自身的领先优势，不难想象，百度的搜索、地图数据，阿里的电商数据，腾讯的社交、游戏数据等，将成为这些企业掘金人工智能的重要武器。以阿里蚂蚁小贷为例，和传统银行相比，蚂蚁小贷搜集到的用户数据更为丰富、精准，更具时效性。淘宝卖家申请蚂蚁小贷时，蚂蚁小贷可以分析卖家淘宝店经营情况，比如，主要销售什么商品，上新速度，服务质量，是否存在欺骗用户、要求用户删差评等不良行为，有效降低放款风险。

小微企业贷款业务之所以发展受阻，很大程度上是因为缺乏高效、便捷、低成本的考核小微企业信用和偿贷能力的手段，导致风险不可控，影响了金融机构的放贷积极性，而蚂蚁小贷可以利用大数据分析，对小微企业的信用和偿贷能力进行自主审核，全程不需要人工介入，符合条件的客户可以在几秒钟内获得贷款。

虚拟世界和物理世界的边界愈发模糊，企业可以搜集到的用户数据愈发广泛，形成了"数据产生——应用——获得新数据——再使用"的数据闭环。这将为人工智能的知识管理提供强有力支持。

现行淘宝图片存储系统总容量 1.8PB，已占用空间约 1PB，保存的图片文件达 286 亿个，为了让用户更好地实现所见即所得，手机淘宝开发了"拍立淘"功能，用户拍下一张图片后，系统将会对图片进行识别并和后台存储的上百亿图片进行匹配，从而为用户推荐商品。

通过持续积累数据来对人工智能进行训练，企业可以为用户提供更为完善的服务解决方案。以饿了么等外卖平台的订单配送场景为例，传统外卖配送主要由派单员人工派单，可供派单员参考的数据主要是餐厅和配送员数据，数据单一，且时效性较差，导致派单缺乏科学性、合理性，配送效率低下。订餐高峰期，用户体验极差，而且配送成本高昂。

而饿了么等外卖平台目前可以借助搜集餐厅、配送员、用户、配送路径、天气、交通状况等多元数据，建立智能调度算法模型，让系统进行自动化、智能化派单，提高运力资源利用效率，减少用户等待时间，激发用户点餐欲。当积累了足够的数据后，系统甚至可以对用户点餐、餐厅出餐速度等行为进行预测，从而提高供需对接精准性，实现多方合作共赢。

企业的主要数据来源包括以下几种（图1-6）。

图1-6 企业的主要数据来源

### ◆ 自有数据

自有数据就是企业在运营管理过程中积累的数据。以为用户提供图片分享业务的平台为例，这类平台可以搜集到海量的图片数据，通过对这些数据进行分析，可以不断优化平台功能与服务，吸引更多新用户。而新用户又会带来大量新数据，这些新数据可以帮助平台进一步提高用户体验，实现良性循环。需要指出的是，虽然数据的搜集与分析可由后台系统自主完成，但这种系统的建设需要在初期投入较高的成本，对创业者及小微企业并不友好。

### ◆ 公共数据

很多互联网企业已经向外界开放其数据，开放部分政府部门的数据也在研究论证之中，因此，企业也可以利用公共数据资源。美国联邦政府向公众开放了农业、教育、金融、生态、卫生、科研、能源、商业、气候等多个领域的超过 13 万个数据集数据，个体与组织可以登录 Data. gov 数据平台获取这些数据。而英国、新西兰、加拿大等国家也在政府主导下建立了数据开放平台，可以说，开放数据资源是世界范围内的主流趋势。

◆**产业协同数据**

产业协同数据是企业通过和产业链上下游企业合作获得的行业数据，比如，电商平台将其积累的数据开放给上游厂商、物流服务商及实体门店等，共同推动产业链价值创造能力的提升。阿里云数加平台和益海鑫星、有理数科技进行合作，建立海洋数据服务平台，利用中国海洋局遥感卫星数据、全球船舶定位画像数据等，为渔业、海滨旅游、远洋贸易、能源开采、海水垦殖、金融保险等行业提供服务支持，赢得了诸多企业的认可与信任。

## 搜索引擎：通往人工智能之路

人工智能技术并不是能轻易实现的。机器要想实现人工技能，首先应该拥有大量与人相关的数据，从而更好地了解人类，为人类提供服务。随着互联网以及移动互联网的发展，已经为各种机器积累了大量有关人的数据。备受年轻群体青睐的可穿戴设备和智能家居，为机器进一步了解人类提供了一个有利的契机。数据如同人工智能的燃料，燃料越丰富，人工智能演化的速度就越快。

除了要具备丰富数据外，机器要想模拟人的思维还应该具备像人类一般的学习能力，这是人工智能发展的引擎。这种学习能力可以分为两个阶段，第一阶段是浅层学习，第二阶段是深度学习。目前，人工智能研究机构主要将精力放在为机器建立模拟人脑分析学习的神经网络，以及模拟人脑机制解释声音、图像等数据方面。

在具备了燃料与引擎之后，人工智能还应该学会感知周围的环境，要具备听觉、视觉、嗅觉和味觉，能够与人交互，同时也应该具备情感，有温度、有感情的机器，才能与人类实现人机共融。在人机交互方面，人们已经从键盘时代走入了触屏时代，并朝着语音交互的方向不断演进。同时，关于机器应该具备的视觉、味觉、嗅觉以及情感等元素也正在积极探索之中。

在对人工智能发展应该具备的三个条件进行剖析之后，我们发现，在目前所有的产品形态中，搜索引擎是最靠近人工智能的产品。搜索引擎工作的前提是要有大量的数据，包括文字、图像、语音等。面对大量的数据信息，搜索引擎需要通过对模型的不断改进，从中筛选出有价值的信息，同时增强自身的学习能力。此外，搜索引擎可以通过语音、图片、关键词等与人类交流。

因此，搜索引擎被视为人工智能的雏形是一件很自然的事情。作为搜索巨头，百度、谷歌凭借自身在技术、经验及资源等方面的优势已经拥有了打开人工智能这扇神秘大门的钥匙，这也是百度和谷歌在人工智能领域积极布局和探索的重要原因。

搜索是人工智能发展的起点，搜索的演进也将有效推动人工智能的发展。从诞生之初，搜索一直在完善模型，力求从海量的信息中筛选出最优价值、最符合要求的信息。在数据、交互、计算等关联技术的推动下，搜索技术逐渐走向了成熟，并将在更大范围内实现广泛应用，未来有机会带领我们走向人工智能。

此前，搜索的使命是从铺天盖地的信息中筛选出有用的部分，有效解决信息泛滥问题，为人们的搜索查询提供了诸多便利。如今，互联网已经发展到了连接人与服务的阶段，搜索的使命也进一步扩大。

随着中国经济转型进程日渐加快，服务业在国民经济中所占的比重逐渐加大，传统服务业开始顺应时代发展加快了拥抱互联网的脚步。经济发展与生活水平提高，使大众的个性化长尾需求日益旺盛，这就对相关技术发展产生了更高的要求。目前，摆在人们面前的严峻挑战是如何让海量供给与个性化需求实现精准匹配，而人工智能的发展，将会为这一问题的解决提供新的思路。

在过去几年，百度将自身的技术优势广泛应用在了传统行业，比如预测世界杯、城市旅游热度、疾病、预测高校选择等。而随着物联网、移动互联网等技术的发展，传统行业将全面触网，其掌握的海量数据将被连接到互联网中，在搜索技术的推动下，未来，更多便捷、实用的应用产品将如雨后春笋般大量涌现。

随着越来越多的行业开始拥抱互联网，为人工智能提供更充足的燃料，越来越多的计算模型日趋完善，以及人机交互愈发畅通无阻，人类将大跨步地走进人工智能时代。

# 1.3　人工智能的产业架构与实现路径

## 人工智能产业生态的技术架构

目前，人工智能已经迎来了最佳发展时期。但由于涉及的技术过于复杂，人工智能的发展很难一蹴而就，必然要经过一个发展过程，从专业领域逐渐向通用领域延伸拓展。从目前的情况看，通用领域人工智能的实现还需经历很长一段时间。

以计算机视觉技术的应用为例，对于正常的成年人来说，照片或视频中的场景、人、物识别难度较低，但对于计算机来说，识别这些内容是一件颇为困难的事情。因为识别需要抽取被识别对象的特征，而特征是在识别模型的基础上建立起来的，要做到通用识别，就要对所有事物建立模型，工作量之大难以想象，凭现有技术条件很难完成。

与此同时，在不同的光线条件下，从不同的距离、视角切入，同一个事物也会呈现出不同的面貌，使识别模型的建立更加困难。短期内，计算机的运算能力很难和人脑视觉中枢相较，这就给在通用领域人工智能的实现带来了较大的阻碍。

未来 5～10 年，人工智能将朝着专用领域定向智能化方向发展。10 年、20 年或者更长时间之后，如果人脑芯片等硬件能取得突破，运算能力就能得到大幅提升，专用智能将进化成通用智能。需要指出的是，专用领域与通用领域的人工智能的生态格局都是围绕"底层—中层—顶层"的技术架构与产品架构逐渐形成的。

以技术层级为划分标准，人工智能产业链由基础层、技术层与应用层共同组成。其中，基础层与"云"系统存在紧密的联系，应用层与"端"直接相关。

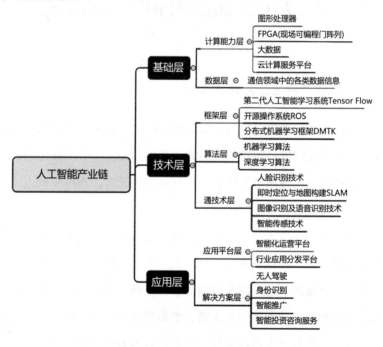

图 1-7　人工智能产业链架构

◆ **基础层**

（1）计算能力层：图形处理器、FPGA（现场可编程门阵列）、大数据、云计算服务平台。

（2）数据层：在通信领域中产生的各类数据信息。

◆ **技术层**

（1）框架层：第二代人工智能学习系统 Tensor Flow、开源操作系统 ROS、分布式机器学习框架 DMTK 等。

（2）算法层：包括机器学习算法、深度学习算法等。

（3）通用技术层：人脸识别技术、即时定位与地图构建 SLAM、图像识别及语音识别技术、智能传感技术等。

◆ **应用层**

（1）应用平台层：智能化运营平台、行业应用分发平台。

（2）解决方案层：无人驾驶、身份识别、智能推广、智能投资咨询服务等。

基础层、技术层、应用层在人工智能产业链中发挥着不同的作用。其中，基础层包含巨大的价值，在整个生态体系中发挥着支撑性作用，技术层为生态体系提供有力保障，应用层能够解决行业发展过程中遇到的问题，价值变现难度较低。

**基础层：运算平台与数据工厂**

人工智能技术的应用催生了深度学习等大规模并行计算需求，传统的芯片计算架构力有不逮，需要引入新的底层硬件打造新的基础层，以更好地储藏数据，加速整个计算过程。基础层的构建以硬件为核心，包括神经网络芯片、用于性能加速的 GPU/FPGA、传感器、中间件，这些硬件为人工智能运算提供算力，是人工智能应用的前提。

目前，这些硬件的提供商多为国际 IT 巨头。例如，在 GPU 领域，英伟达致力于工业级超大规模深度网络加速，推出了 Tesla 处理器，这是世界上第一款运行速度超过100TFlops 的处理器；英特尔以 FPGA 为核心构建产业链，推出模仿人脑的人工智能芯片；谷歌推出第二代 TPU芯片，为 Tensor Flow 提供支持。当然，除了这些巨头之外，人工智能领域还有很多初创公司，比如中星微、西井科技、寒武纪等，但无论产业布局，还是研发实力，这些初创公司都不能和行业巨头同日而语。

基础层大规模部署 GPU，与 CPU 进行并行计算，共同构成云计算资源池，称为"超级运算平台"。该平台可为超强存储与运算处理能力问题提供有效解决方案，并将海量信息存储到大数据工厂，以数据集的形式呈现出来，为人工智能技术层的构建提供支持。

### ◆超级运算平台负责存储与运算

对于人类来说，关联产生的基础是记忆，而记忆是在拥有超强存储能力的脑容量的基础上产生的。所以，机器模仿人脑就有了一个前提条件，即拥有强大的存储能力。只有积累了大规模数据之后，机器存储才能形成人类记忆。

在发展人工智能方面，百度采取的首要策略便是扩大存储能力，扩充存储的绝对容量，其次是提升运算处理能力。运算处理能力涵盖了两方面的内容，一是服务器规模，二是特征向量的大小。简单来说，特征向量指的就是从文本、语音、图像等内容转化而来的数据，积累的数据越多，机器学习的效果就越好，但服务器的压力也会越大。

百度仅用2年时间就使特征向量规模从10万增长到了200亿，可见百度服务器技术之强大。事实上，大规模 GPU 和 CPU 并行计算会产生很多错误，企业不仅要提升运算处理能力，还要降低错误率，解决散热问题。所以，对于人工智能企业来说，超算平台的构建是其进入行业的门槛。

#### ◆数据工厂实现分类与关联

数据工厂的主要任务就是对数据进行基础加工，这个过程非常重要。对于人类来说，我们可以通过联想某个词汇、某个画面调取某段记忆，这种模式称为记忆联想模式。人类之所以可以开展记忆联想，就是因为人类大脑中有无数神经连接，机器没有连接，无法做到这一点。对于机器来说，硬盘就是它的大脑，数据存储在硬盘中，由于不会分类，当机器要获取某个数据时，必须逐一对硬盘进行访问。

想要让机器理解人的语言，就需要对每个词进行定义，一个词的定义就是一个库，库中每个词又形成独立的库。支撑数据工厂的搜索算法就是在这规模庞大的数据中建立管理，然后搜索。

数据工厂就承担了人脑记忆关联的工作，将某个词与其他词或场景建立动态关联。所以，人工智能企业想要在行业立足，必须掌握利用数据挖掘与搜索算法对数据工厂中的信息进行分类与关联的能力。

### 技术层：基于场景的智能技术

应用层的产品智能化能做到何种程度，在很大程度上取决于技术层，所以，在人工智能产业的技术架构中，技术层是核心。对于人工智能的发展来说，算法和计算力是最主要的两大推动力。技术层以基础层的运算平台与数据资源为依托开展识别训练与机器学习建模，开发适用于不同领域的应用技术，涵盖了两个阶段，一是感知智能阶段，二是认知智能阶段。

在感知智能阶段，人与信息在传感器、人机交互、搜索引擎等技术与设备的帮助下建立连接，获取建模数据，这个阶段涉及的技术包括语音识别技术、生物识别技术、图像识别技术等。在认知智能阶段，人利用获取的数据建模运算，利用深度学习获取结果，这个过程涉及的技术包括机器学习、人工智能平台、预测类 API 等。只有做好这些，人工智能才能具备"听"和"看"的功能，即基础性信息输入与处理功能，才能面向用户开发更多应用型产品。

AI 技术层利用基础层提供的资源与数据，通过机器学习建模开发适用于不同领域的技术，比如语音识别、计算机视觉、语义识别等。

中间层的运行机制酷似人类思维的形成过程，感知—思考—最终决策—创造，在这个过程中，机器学习技术的应用是核心。

首先，感知环节需要将人、信息、物理世界连接起来，通过传感器、人机交互、搜索引擎获取数据，这个过程类似人类的感知过程。

其次，中层间利用底层的高性能计算与弹性存储能力，对感知到的数据进行建模，这个过程类似人类的思考过程。

最后，应用层借助数据模型向智能应用的服务与产品端发送指令，对机器人、3D 打印、无人机等设备进行指挥，让这些设备对用户需求做出快速响应。

目前，因为计算存储能力与建模能力相对较弱，人工智能的智慧程度还不能与人脑相匹敌，但足以支撑 AI 技术应用于各种特定的场景中。

另外，在特定的应用场景中，借助更优的算法与更准确的背景知识库数据集，即便计算资源不丰富，也能得到更好的结果。在这种情况下，AI 公司就迎来了众多市场机遇，专用智能的商业化应用实现了大爆发。在此领域，传统的巨头企业也好，初创企业也罢，都处在同一起点，谁能最快实现人工智能的商业化应用，谁就能抢先占领市场。

目前，在应用层，国内的人工智能技术平台主要聚焦在三大领域，分别是计算机视觉领域、语音识别领域和语言技术处理领域。比如：专注于语音识别的科大讯飞，聚焦计算机视觉技术的格灵深瞳，在语音识别方面卓有成就的小 i 机器人，人脸识别领域的 face ＋＋等。在具体应用场景中，这些企业可以媲美甚至超越百度、谷歌、微软和 IBM 等巨头，取得了骄人成果。

### 应用层：提供智能产品与服务

应用层以基础层和技术层为依托与传统产业融合，实现在不同场景的应用。未来，随着人工智能在语音、语意、计算机视觉等领域取得重大突破，人工智能将迅速在各行各业得以应用。

按照对象的不同，应用层可分为两部分，一是消费级终端应用，二是行业场景应用。其中，消费终端应用涵盖了三个方向，分别是智能机器人、智能硬件、智能无人机，场景应用主要与各行各业的 AI 应用场景对接。

近几年，国内外的各大互联网公司纷纷发力应用层，推出了很多人工智能产品与服务，比如 IBM 公司率先在人工智能领域布局，"万能 Watson"推动多行业变革；百度发布"百度大脑"计划，全力布局无人驾驶汽车；谷歌在人工智能领域的布局遍地开花，无人驾驶汽车、智能手术机器人，还包括一战成名的 Alpha Go 等；在语音语义识别、计算机视觉等领域，微软始终保持领先地位。

#### ◆谷歌的无人驾驶汽车

谷歌的无人驾驶汽车应用了计算机视觉技术，利用这一技术在行驶过程中应对不同的路况。为实现无人驾驶，车辆还配置了多种专业设备，比如激光测距系统、GPS 惯性导航系统、车道保持系统、车轮角度编码器等。谷歌无人驾驶汽车后台系统可以利用传感器获取的数据实时生成三维图像，并借计算机视觉技术对潜在风险进行判断。

#### ◆Nest 的智能温控技术

Nest 的智能温控技术安装了六个传感器，通过持续不断地对用户所处环境中的湿度、温度、光照及周边设备进行监测，判断房间中是否有人。如果有人，就对室温进行动态调整，反之，就自动关闭调温设备。

以机器学习算法为依托，Nest 可主动学习如何控制温度。安装这款调温器后的第一周，用户可根据个人需求自行调节室温。经过一个星期的学习，Nest 可以了解用户习惯，并将这一习惯记录下来。

为了给用户营造一个更加舒适的室内环境，Nest 还可以通过 Wi - Fi 连接其他应用程序，根据室外温度实时对室内温度进行调整。同时，Nest 内置的湿度传感器还能对空调及新风系统的气流进行调整，保证室内的气流合适。如果用户外出，Nest 的动作传感器就会向处理器发出信号，启动"外出模式"。由此可见，如果没有深度学习技术为支撑，Nest 就无法实现智能温控。

#### ◆微信朋友圈的推送广告服务

朋友圈信息流广告的推送是利用自然语言解析、图像识别和数据挖掘技术实现的，其投放逻辑为：通过对朋友圈语言特性、图片内容等进行分析，结合根据用户兴趣爱好、消费能力绘制的用户画像，选择合适的广告类型进行投放。

微信朋友圈的信息流广告类似于社交平台上好友发布的信息，广告以朋友圈原创内容的形式，展现在微信公众号的生态体系中。这种情况下，广告与信息流相融合，通过微信用户画像的记忆定向与实时社交的混排算法，借助关系链进行互动传播。如果离开自然语言解析、图像识别等技术，微信信息流广告推送很难取得预期效果。

综上所述，智能产品与服务能否切中用户的需求痛点，满足用户需求，在很大程度上取决于产品与服务是否应用了人工智能技术。目前，智能产品市场出现了产品热、需求冷的局面，该局面产生的根源就在于，大部分智能硬件产品是伪智能，只是将功能性电子产品与互联网对接，增加了数据搜集功能，可穿戴设备手环、智能机顶盒就是典型代表。

企业要想打造一个能够真正打开市场的产品和服务，就必须以 AI 技术为依托。目前，海尔、美的、小米、360 等公司都在智能产品与服务领域布局，其具体的战略布局如下：

（1）海尔、美的等家电企业向智能家居方向转型升级；

（2）小米、360 等新兴的互联网公司以硬件入口为切入点，进入人工智能市场；

（3）百度、谷歌等互联网巨头以 AI 技术为核心试图打造人工智能生态圈；

（4）海康威视、大疆创新等计算机硬件制造商向智能硬件方向转型。

## 【案例】阿里云 ET 的商业智能化应用

阿里云 ET 于阿里巴巴 2016 年 8 月举行的云栖大会·北京峰会上被正式推出，拥有阿里云的丰富技术资源。阿里云 ET 具有图像/视频识别、智能语音交互、情感分析、交通预测等多种功能，同时，它在多维感知、实时决策、全局洞察等方面也有优良表现。目前，阿里云 ET 大脑已经被应用至工业、交通、医疗健康、环境生态等诸多领域。

和人脑相比，人工智能大脑在处理、传输信息，并行计算与线性计算等方面的速度具有明显优势。而且，人工智能大脑可以通过进行"实验—验证—学习"的正循环，来持续提高自身性能。

以阿里云ET在城市交通智能调度方面的应用为例，阿里云ET通过对城市路口、路段历史数据进行分析，得到了其24小时路况模型，结合传感器实时提供的图像、视频等信息，进行全局分析，帮助交通部门更好地配置人力、物力资源，实现科学决策。

随着城镇化进程日渐加快，城市交通拥堵问题愈发严重，给人们出行带来了诸多困扰，社会各界对利用人工智能解决交通拥堵问题给予了高度期待。城市交通是一个庞大而复杂的系统，各路口、路段并非孤立的，会相互影响，人工处理这些数据不但成本极高，而且效果较差，难以做到统筹兼顾。杭州交通一天产生的视频量如果完全由交警处理，大约需要15万个交警，用8小时的时间才能处理完，而如果使用阿里云ET的智能算法，十几分钟内便可处理完成。

阿里旗下的两大电商平台淘宝和天猫日均接到近5万次电话求助，这就给客服人员带来了极高的挑战，对成本控制也是非常不利的。而通过阿里云ET对由此产生的海量语音数据进行识别、分析，使智能系统可以听懂问题，并从数据中心调取相关内容回答问题，不但可以帮助淘宝、天猫解决客服问题，对其他应用场景，如电话呼叫中心质检、互联网汽车语音命令等也具有极高价值。

此外，部分应用场景会不断涌现海量新数据，相应地，阿里云ET数据中心的知识也将得以持续更新，为拓展阿里云ET

新功能与服务提供强有力支持。每年"双十一"都是考验淘宝、天猫运营团队实力的重要节点，庞大的订单量会带来海量的用户咨询及订单处理问题，而阿里工程师们通过对海量的问题进行处理，使知识库更新频率达到了分钟级。2018 年"双十一"天猫每秒订单创建峰值达到了 49.1 万笔。

人工智能已经被应用到了交通、零售、餐饮、金融等诸多领域，其相关产品很多方面的能力已经超过了人类，比如微软发布的一项关于图像识别的研究论文中指出，人类在归类数据库 ImageNet 中的图像识别错误率为 5.1%，而微软研究小组研发的深度学习系统可以将这一数字降低至 4.94%。语音识别、自然语言处理等人工智能技术已经在人们的日常生活中得到应用，各大科技巨头推出的语音助手产品就是典型代表，如支付宝安娜、苹果 Siri、亚马逊智能音箱 Echo 等。

在传感器、自动控制等技术的加持下，无人机、全自动驾驶汽车等人工智能设备可以自动感知并采取行动，当然，这也离不开高精度地图和环境感知技术的发展。

具体到商业领域，现阶段，人工智能在解决企业客服问题方面的优势尤为突出。客服是企业和用户交互的重要媒介，在社交经济时代，客服发挥的作用十分关键，然而统计数据显示，客服每天要处理的大量问题中，80% 的问题是那些重复性的简单问题。这造成了巨大的人力资源浪费，而且客服人员多次回答重复问题，很容易让他们失去耐心，再加上有些较为冲动的用户可能会进行语言攻击，导致客服人员承担着较大压力。

从智能化实现难度方面考虑，因为客服环节需要的知识以企业自有知识为主，这类知识在企业的控制范围以内，降低了客服环节智能化的实现难度，这也是为何市场中会出现大量基于企业自有知识库的智能客服产品的关键所在。

早在 2015 年时，阿里就推出了智能客服产品阿里小蜜，该产品应用了语音识别、深度学习、个性推荐等多种人工智能技术，实现了外部消费场景和阿里后台关键业务流程的无缝对接。阿里通过对积累的海量客服大数据进行深入分析，对用户信息需求进行预测，并实时从知识库中调取相关知识回答用户，使人工客服求助率降低了 70%；智能解决率达到近 80%，明显高于同行业平均水平 60%。同时，阿里利用在语音识别方面积累的丰富知识，不断提高语义识别精准度，使智能客服的用户满意度比传统自助服务提高了一倍。

让智能客服像人一般可以灵活、人性化地回答用户问题，和用户进行深度交互，改善用户体验，是未来人工智能客服研究的重要方向。

# 1.4 人工智能的发展趋势与对策建议

## 互联网巨头抢滩人工智能红利

近年来，许多大型互联网企业聚焦于人工智能技术的研发，并积极推进其应用。这些企业为开发人员提供算法平台，吸引他们的广泛参与，推动产品迭代升级。与此同时，这些企业试图建立统一标准，形成完整的生态体系。

近年来，Facebook、IBM、微软、谷歌等互联网巨头积极开发人工智能平台，并对程序研究者开放。Facebook 对外开放了多个人工智能平台；IBM 与开源软件项目 Apache 联手，对程序研究者开放 System ML 人工智能平台。

微软为广大开发者提供人工智能平台 Project Malmo 的源代码，供程序研究者进行程序检验与升级；谷歌研发的 TensorFlow 平台能够为机器学习和深度学习提供有效支持，目前也已经对外开放。

从应用方面来看，互联网巨头依托庞大的用户信息资源，推出了一系列面向用户个体与企业的应用产品及服务。苹果为个人用户提供了

Siri 助手，并进军无人驾驶领域；谷歌面向个人用户发布智能家居产品"谷歌家庭"（Google Home），同样涉足无人驾驶领域。阿里巴巴的阿里小蜜为个人用户提供智能服务，并在智能金融领域积极开拓市场。

面向用户个体的应用产品不仅能够实现用户的积累，还能获取海量的数据资源，帮助企业评估其商业模式的价值，拓宽应用范围。面向企业的应用产品或服务，使运营方从方案提供中获取收益，与此同时，还能对流量价值进行变现，通过广告渠道获取利润。

相较于直接从场景应用方面切入，聚焦于技术开发，并以此为基础进行应用拓展的模式，更有利于提高初创企业的竞争实力。以旷视科技为例，该公司以机器视觉服务的提供为主，聚焦于图像识别技术、面部识别技术、深度学习与机器学习技术的研究。

2014 年以来，旷视科技运用人工智能服务行业发展，在金融行业、互联网行业、零售行业、公共安全领域等都有所涉足，能够提高这些行业发展的信息化与智能化水平，拓宽智能硬件产品的应用范围。在后续发展过程中，旷视科技会在垂直领域展开布局，依托智能服务机器人、智能感知技术等，建立智能生态架构体系。

在信息爆炸的时代，搜索引擎帮助用户从铺天盖地的信息中筛选出了最有价值的部分，而在数据爆炸的时代，搜索引擎或许还将发挥重要的作用。而各种智能硬件产品的创新发展，将会揭开深度学习的面纱，深度学习将成为开启人工智能大门的钥匙。

百度在语音识别、图像识别、人机交互以及百度大脑等方面取得的研究成果已经被应用在了搜索领域，比如，通过手机百度，可以使用语音提问、语音搜歌，甚至是语音购买电影票等功能，实现更加自然的人机对话；百度大脑可以利用大数据提高广告的点击率等。

然而，单靠这些研究成果来改进人工智能研究模型是远远不够的。

为此，百度还推出了一系列的智能硬件产品，包括百度无人驾驶汽车、百度魔镜、小度机器人、BaiduEye、Dubike 等。百度推出这些智能硬件产品并不是为了从中获取利润，而是希望能通过这些产品验证数据与智能的匹配程度。

无数次的实践证明，如果一家企业能够解决人类所面临的共性问题，其必将实现重大突破，收获丰厚的回报。因此，以前或许还有很多企业和投资者在观望，但目前来看，人工智能的未来已经非常清晰了。

### 未来人工智能企业的竞争格局

近年来，人工智能的发展逐渐趋向于平台化。随着人工智能的应用越来越普遍，不同企业之间会展开激烈竞争，参与竞争的企业主要采取以下几种模式：

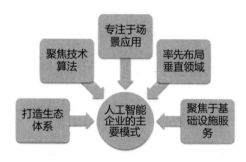

图 1－8　人工智能企业的主要模式

（1）打造生态体系：通过构建人工智能产业链生态，并开展场景应用来参与竞争。这类企业多为互联网企业，注重发展技术，建设基础设施。

★优势所在：注重发展计算能力，获取高质量、多元化的数据，构建不同类型的人工智能平台，通过场景应用吸引用户参与其中。

（2）聚焦技术算法：通过发展相关技术，开展场景应用参与竞争。

这类企业多为软件公司，擅长技术应用及算法运营，通过场景应用进行用户积累，打造人工智能应用平台。

★优势所在：在通用技术、算法方面比较擅长，掌握了先进的技术，从场景应用方面切入，吸引了大批用户。

（3）专注于场景应用：这类企业多属于传统行业，或为初创企业，依托丰富的行业数据资源，推进人工智能在垂直领域的应用。

★优势所在：了解市场发展情况，能够依据场景促进人工智能的应用，获取全方位的数据信息，切中用户需求；联手互联网企业，将人工智能应用于传统商业模式的实施过程中。

（4）率先布局垂直领域：采用消费者接受度较高的革命性应用，在长期发展过程中形成垂直领域生态。这类企业率先在垂直领域进行深耕，利用人脸识别技术、行车路线规划技术等扩大用户基数，通过开发人工智能在垂直领域的应用技术，带动整个行业的升级，出行领域的滴滴就是这方面的典型代表。

★优势所在：促进革命性应用在众多场景中的落地，在这个过程中逐渐扩大用户基础，占据垂直领域的市场；依托丰富的数据资源，在人工智能通用技术、算法及应用方面展开深度布局。

（5）聚焦于基础设施服务：以发展基础设施为开端，在产业链其他环节进行布局。这类企业多为基础设施服务企业，为客户提供硬件产品、开发芯片，在发展基础设施的同时，进行技术研发，逐步延伸到数据分析、算法应用等环节。

★优势所在：运用智能技术进行芯片研发，推出语音识别芯片、图像识别芯片等智能化硬件，促进产品的广泛应用；为智能机器人、移动智能设备、无人车辆等提供算力服务，联手其他行业扩大应用范围，持续提高服务质量。

## 人工智能产业的未来发展趋势

### ◆ 人工智能产业的发展趋势

立足于技术发展与应用拓展的层面来看，人工智能产业的发展趋势大致可分为以下三个时期：

（1）短期发展：从现在起的三到五年时间里，人工智能的发展将集中体现在服务智能领域。人工智能相关技术会得到进一步发展，帮助人们提高工作效率；在应用层面，人工智能将应用到更多的场景中，应用范围会进一步扩大。在海量数据资源的支持下，人类能够利用人工智能创造更多的价值。

（2）中长期发展：人工智能技术的发展将取得显著的成效，举例来说，运用自然语言处理技术的机器人能够与人类进行高效沟通，人们话语中蕴藏的深层含义也能够被理解；在应用层面，人工智能在垂直方向的应用会持续增多。

（3）长期发展：超级智能有望诞生。人工智能技术将实现跨越式发展，渗透到人们的日常工作与生活中，促使诸多领域产生变革。机器人发挥的不再是简单的辅助作用，而是能够与人脑功能相结合，其价值创造能力甚至能够超越人类。

从短期发展角度来看，人工智能将聚焦于服务智能发展。在边际技术方面，人工智能将得到进一步发展，实现分布式算法的有效应用，简化智能技术应用流程，降低应用复杂度。同时，在自然语言、图像识别技术方面有所突破，有效提高数据处理能力。

从中长期发展角度来看，人工智能将具备更多的抽象化特征，敏锐感知用户情绪变化，成为人们生活与工作的重要帮手，比如提醒慢性病患者按时吃药，并促使他们养成良好作息习惯。

从长期发展角度来看，"超级人工智能"将在各行各业得到广泛应用，预测个体与组织决策或行为可能产生的结果，实现人类社会的可持续发展。

### ◆人工智能技术的商业化应用

在应用层面，人工智能的应用范围将进一步拓宽，在农业领域，可以利用人工智能技术对市场需求、土壤条件、气候变化等进行分析，帮助农民筛选最适合种植的农作物；在零售领域，利用图像识别等人工智能技术对顾客面部情绪进行感知，可以帮助导购人员了解顾客情感状态，从而开展个性产品与服务的定制推荐。

与此同时，相关技术趋向于融合发展，智能机器自我学习能力逐步提升，实现自动化、智能化决策。

服务智能的发展离不开数据资源的支持，零售行业、金融行业、医疗行业等能够为人工智能的发展提供大量的、优质的数据资源。未来，人工智能将在这些行业得以广泛应用，并有效推动行业转型升级。

人工智能在医疗行业的应用前景尤其值得我们期待。从短期发展的角度来看，人工智能在辅助医疗人员制定临床决策、实施外科手术、日常健康护理、医疗系统运营等方面将发挥重要作用，这将提高人们身体素质，改善人们生活质量。

目前，人工智能的发展仍集中体现在"专有人工智能"应用方面，人们可以利用人工智能技术来开展一些具体工作，比如医疗人员可应用人工智能对病灶医学图像进行分析，诊断患者是否患有肿瘤等。

未来，随着人工智能技术的发展，其应用将从专有性转向通用性。这种情况下，人工智能产品可以承担更为精细、复杂的工作，为用户提供高价值服务。

★在金融领域，用智能身份识别技术降低金融交易风险，用智能高频交易技术提高决策科学性，用智能投资顾问满足客户的信息咨询需求。

★在交通领域，研发智能汽车、无人车辆等，优化交通管理，缓解交通拥堵问题，提升司机与乘客的体验，减少环境污染。

★在教育领域，从学前到高中阶段的基础教育，以及大学等高等教育将广泛借助智能教育设备提高教学质量，部分学校已经在高等数学、科学等学科教育中采用ITS（智能辅导系统）为学生提供教学指导。

★在公共安全领域，运用人脸识别技术进行智能监控，运用无人机来进行安全治理、打击犯罪及恐怖活动等，建设安定、和谐的公共环境。

★在零售领域，利用智能导购技术代替人工，实现成本节约，开展精准营销，满足消费者个性化需求，提升消费体验。

★在商业领域，实现客服智能化运营，开展人力资源智能化管理等。

## 加快人工智能发展的对策建议

### ◆政府层面：政策赋能，完善人工智能产业体系

我国政府对人工智能发展给予了高度重视，为促进该领域发展颁布了一系列支持性政策。比如，2016年9月，国家发展改革委在《国家发展改革委办公厅关于请组织申报"互联网+"领域创新能力建设专项的通知》中，提到了人工智能的发展应用问题，为构建"互联网+"领域创新网络，促进人工智能技术的发展，应将人工智能技术纳入专项建设内容。

2018 年 1 月 18 日，2018 人工智能标准化论坛发布了《人工智能标准化白皮书（2018 版）》。国家标准化管理委员会宣布成立国家人工智能标准化总体组、专家咨询组，负责全面统筹规划和协调管理我国人工智能标准化工作，并对《促进新一代人工智能产业发展三年行动计划（2018—2020 年）》及《人工智能标准化助力产业发展》进行解读，全面推进人工智能标准化工作。

在推进人工智能发展过程中，政府部门应该采取的行动主要包括：

（1）实现公共数据资源共享，建设统一的人工智能数据服务平台。提高数据质量，强化数据平台的管理，从数据方面为人工智能产业的发展起到积极的推动作用。

（2）在人工智能产业发展过程中，发挥企业的主导作用，为高校科研项目提供支持。通过企业实现人工智能技术的商业化发展，扩大人工智能的应用范围。另外，要为高校、科研机构提供资金及资源支持，从技术研发层面推动人工智能行业的发展。

（3）发挥基金的支持作用，减少人工智能行业发展过程中的阻力，出台有关人工智能发展的税收支持政策，为人工智能优秀人才创造良好的工作环境及待遇条件，减少法律方面的限制。

◆ 企业层面：抓住风口，构建新的竞争壁垒

在参与市场竞争过程中，传统企业的优势主要体现在以下两个方面：

（1）企业在长期发展过程中，积累了自己的品牌、资产、客户资源等，与其他同类企业共同形成规模效应；

（2）企业建立起自己的人才队伍，在内部管理方面积累了一定的经验，并在发展过程中不断完善自身的流程体系。

人工智能与大数据的应用改变了企业竞争的传统格局，高速发展的互联网打破了传统模式下人与资产之间的界限。随着人工智能技术的应用，数据资源及算法成为企业竞争的焦点，物联网时代，企业能够获取消费者各方面的信息，利用人工智能汲取更多知识资源，在进行数据分析的基础上，以自动化、智能化方式制定管理决策。

人工智能风口来临之际，传统企业必须积极转型升级，通过与互联网企业深度合作，推动商业模式创新。早在 2015 年，阿里巴巴联手富士康推出了"淘富成真"项目，依托阿里云平台及阿里物联网平台 Yun-nOS，以及富士康在产品开发与设计、产品供应等方面的优势，与专业孵化器进行合作，服务于创业企业的智能硬件开发与应用，为其创业发展提供一系列硬件支持及软件服务。2018 年 7 月，微软宣布扩大与 GE 的合作伙伴关系，专注于扩大工业物联网和 Azure 云平台的应用。与此同时，GE 还将使其 Predix 平台标准化，该平台为开发人员提供了在 Azure 上开发和部署 IIoT 应用程序的工具。

# 2
## 数字赋能：构建AI时代的智慧型企业

# 2.1　人工智能时代的企业数字化变革

## 人工智能推动企业数字化转型

信息数字化时代，越来越多的企业开始进行数字化改革。人工智能将成为推动世界经济增长的重要推力。2017 年 6 月，知名管理咨询公司普华永道在"探索 AI 革命"全球 AI 报告中指出，到 2030 年时，AI 对全球经济的贡献额将达到 15.7 万亿美元，超过中国和印度目前的经济总产值之和。

在企业数字化转型过程中，人工智能发挥着重要的推动作用。具体而言，人工智能驱动的企业数字化转型将包括以下几个阶段：

（1）成立一个熟悉目标用户、业务流程、商业模式、产品及品牌的专业指导团队。

（2）利用人工智能对指导团队成员进行专业培训，持续提升其数字素养和创新能力。

（3）为指导团队推动企业数字化转型合理授权，并引导其在人工智能设备与系统的支持下，在组织内部小范围进行试点。

（4）试点团队、部门成员认识到了企业数字化转型的价值，并根据自身的实际经历为指导团队提供反馈意见，从而帮助指导团队建立完善的企业数字化转型战略路线图。

（5）在企业内部全面推进数字化转型，用人工智能系统对转型过程进行实时监测并优化，降低转型成本，提高转型成功率。

（6）对转型过程数据进行分析，完善人工智能系统，为新一轮转型做准备。

如今，人工智能技术已经在诸多领域得以应用，如汽车行业、保险行业、制造生产领域等。该技术的应用，促使企业改变传统的业务战略模式，围绕客户需求开展运营。在新时代背景下，企业想要进一步开拓市场，就要提高对人工智能的重视程度。

如今，企业已经能够获取海量的数据资源，并运用先进的技术工具对这些数据进行有效的处理，从而改进自身的产品与服务，更好地满足消费者的需求。利用人工智能，企业能够大幅度提高数据资源利用率。

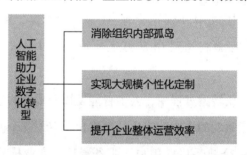

图2-1　人工智能助力企业数字化转型

◆消除组织内部孤岛

企业只有突破传统思维模式的限制，才能达到数字化改革的目的。在向数字化转型的过程中，企业必须颠覆以往的组织架构，强化不同部门之间的合作关系。

具体而言，改革之后的组织架构，要为企业各个部门之间的合作创造良好的内部环境。以信息部门为例，以往，该部门只是公司内部的一个职能部门，与其他部门之间是相互独立的，但在进行数字化转型之后，信息部门能够与其他部门无缝对接，共同推动公司业务发展。

当企业逐步提高数字化在总体业务中的占比时，就要处理更多的技术性问题。在进行数字化转型的过程中，企业所有部门都要熟悉人工智能在技术层面发挥的作用，但事实表明，对于人工智能的技术价值，多数从业者都缺乏清晰的认知。

为了减少数字化改革过程中的阻力，企业要从根本上改变现有的组织结构、工作方式。另外，企业还要对自身的技术发展情况进行分析，找出与人工智能相关的应用程序，为后期的 AI 引进及价值开发做好充分的技术准备。

### ◆实现大规模个性化定制

无论何种类型的企业，其发展都离不开客户的支持。为了留住客户，很多企业会提出"以客户为中心"的口号，但事实上，企业要想实现这一点并不容易。

要想摆脱产品同质化困境，企业需要根据市场需求情况进行项目开发、产品设计，着手实施个性化的内容营销。人工智能技术能够促进企业在这方面发展。

运营人员需要对庞大的数据资源进行整理与分析，据此掌握客户相关信息，促进品牌与用户之间的深度沟通。企业要重点把握消费者是通过什么渠道接触到品牌的，并在后续发展过程中强化这些渠道的内容运营，根据消费者偏好推送相应的个性化信息。

在认识到个性化内容营销蕴藏的商业价值之后，企业要利用人工智能技术提高自身营销针对性，借助先进的技术手段对数据资源进行深度处理，提炼海量数据中的有价值信息，最终实现规模化的个性化营销。

### ◆提升企业整体运营效率

在进行数字化转型的过程中，企业有必要对原有组织架构进行调整，这个环节的重要性不亚于在进行数据分析的基础上真正实现"以客户为中心"。

另外，企业要采用自动化方式进行设备操控，在拓展机器功能的同时，提高其运转的安全性与稳定性。在这方面，人工智能为企业提供了有效的解决方案。人工智能中的自动化技术能够代替传统人工操作，帮助企业提高工作效率；另外，借助先进的技术工具，企业员工还能承担以前无法完成的工作，实现更大的价值创造。

快速发展的技术能够给个人及企业的发展带来诸多便利。利用人工智能技术，工作人员能够提高日常工作效率，降低工作负担。在此基础上，员工可以将更多的精力投入到其他工作中，比如对企业发展至关重要的战略制定工作。

所以，企业除了能够用自动化技术来完成员工不能或不愿做的工作之外，还能利用技术手段提高工作效率，精简工作流程，帮助企业节省成本。在这个过程中，企业不仅要考虑效率问题，还要注重提升顾客体验。综上所述，人工智能将推动企业的数字化转型，企业要提高对这项技术的重视程度，进行必要的结构改革，转变思维观念，将客户放在核心地位，利用人工智能技术业务流程进行调整与优化，制定个性化的营销方案，进一步提升用户体验。

## 人工智能在企业中的应用价值

目前，决策制定、设备运维、系统交互是能够集中体现人工智能价值的几个领域。企业在发展过程中想要实现人工智能的应用价值，就要在发挥人脑功能的同时，运用人工智能来提高工作效率，发挥两者之间的协同效应。

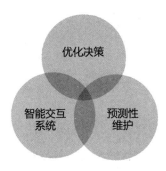

图 2-2　人工智能在企业中的应用价值

### ◆优化决策

在经济全球化进程加快发展的今天，工业复杂性程度日益提高。与此同时，市场需求处于动态变化之中。参与国际市场竞争的企业，必须在节约资源的同时，简化业务流程，提高整体产能。这些因素都给企业发展带来了挑战。

当产品制造成本增加，或者关税费用上涨时，企业就要改变原有的市场运作方式，迅速对产品价格与营销策略进行调整。此时，企业可以运用人工智能来综合分析各类影响因素，据此制订最佳的价格与营销策略调整方案。当然，为了提高决策制定的合理性，必须对历史数据进行有效分析。

企业在运营过程中会获取大量数据，但无法在短时间内实现价值挖掘。利用人工智能技术能够及时识别异常情况，在某些数据超出预定范围后进行提示，甚至实现自动化决策。在分析历史数据的基础上，企业可以利用 AI 增强型商业软件对多项决策进行优先等级划分，由此决定优先处理事项。

人工智能系统识别到异常情况后，企业要及时制定有效应对策略。在这个过程中，既要发挥人类独有的创造力，又必须防范人的主观因素造成的负面影响。而通过将人脑的功能与智能大脑相结合，可以找到最优解决方案。

◆ 预测性维护

与人工智能相关的信息往往会吸引人们的广泛关注，比如有些公司会引进无人卡车来进行货物运输。人工智能在卡车维护与维修方面将发挥非常积极的影响，比如企业可依据传感器收集到的信息，对具体运输场景下卡车应满足的条件进行预测。这对企业成本控制具有重要价值。

人工智能可以被应用到不同领域的维护业务中。比如制造企业可以利用智能传感技术进行广泛的信息收集，结合外部资源与企业设备往期维护记录，运用人工智能来监测设备运行状况，减少因设备问题出现的异常情况。麦肯锡咨询公司的数据统计结果显示，应用人工智能能够帮助企业减少10%的维护成本，使资产生产率提高20%。

人工智能尤其适用于制造业或能源行业，这些领域的核心设备通常安装了各类传感器，从而让管理人员能够对设备运行过程中产生的数据进行全方位获取，为优化机器学习算法提供有效支持。还可以利用机器学习算法对历史数据进行分析，改善企业运营管理水平。

制造企业或能源企业在生产环节能够发挥人工智能的作用，通过分析物联网数据及时发现异常数据，比如生产线的环境温度超出合理范围。传统模式下，如果生产线的环境温度超出合理范围，企业要安排专人将维修信息发送给服务人员，如今则能够以自动化方式向服务人员发送工单，省去中间过程的人工操作。

将人工智能技术应用到决策优化方面，可以实现自动化员工调度，在设备运维环节实现资源的充分利用与优化配置。除此之外，在预测性维护和服务领域，人工智能还能与物联网、自动化技术相互配合，通过多种方式发挥作用。

◆ 智能交互系统

目前，人工智能在与人和系统交互方面的应用发展速度相对较快。利用人工智能语音助手，企业能够以自动化方式代替人工操作来完成一些简单的任务。虽然这类操作比较简单，然而在具体实施过程中，工作人员要进入到程序界面，重复进行相关操作，从而耗费大量时间与精力。

通过运用人工智能聊天机器人，企业能够提高运营效率。举例来说，可使用人工智能来搜索企业信息系统中的指定项目信息，或者批复员工的请假申请，以自动化方式代替传统的人工操作，能够减少时间与精力成本。未来，随着人工智能技术的进一步发展，人工智能系统还能对操作流程进行优化，提高企业的成本控制能力。

企业还可以将 AI 聊天机器人应用到客服部门，代替客服人员接听电话，为客户提供信息咨询服务。在部分互联网企业中，那些复杂度相对较低的信息咨询服务，比如询问活动开始时间或售后服务人员到达时间等，已经交由 AI 聊天机器人处理。这可以帮助企业降低人力成本，并提高用户体验。

现阶段，一些联络中心正在积极研究全渠道智能化服务，未来将能够通过电子邮件、社交平台、语音、视频等多种渠道提供服务。与此同时，在人工智能的帮助下，用户可以选择最佳联系渠道，以最理想的方式进行交互操作。

### 智能助手：强化客户关系管理

随着科技的发展，人机交互变得越来越高效。机器设备的智能化水平日渐提升，人与机器人之间的对话也越来越流畅。基于人工神经系统，并配备即时翻译、视觉识别设备的自动驾驶汽车就是典型代表。人工智能通过连通科技服务企业，与其他系统相互关联，从而为人们的日常生活及工作提供诸多便利。不仅如此，通过不断进行学习，快速发展的人工智能逐渐在更多领域得到应用。

管理者要充分认识到人工智能的潜在价值，为企业的智能化建设及改造提供足够的资金支持，从而提高企业智能化水平，为企业构建核心竞争力。

部分业内人士认为，人工智能很大程度上是依靠科技概念来吸引大众注意力的。但不可否认的是，该技术目前处于快速发展时期。这也是很多企业纷纷在人工智能领域展开布局的重要因素。

人工智能既能聚集大众的目光，又能切实提高人机交互的精准度及便捷性，因而呈现出蓬勃发展之势。在传统模式下，企业管理层下达会议主题后，相关人员需使用计划软件安排会议时间、制定活动流程，通过手动操作将相关信息保存在系统中。如今，应用智能助手，会议负责人可以用以自动化方式执行上述操作，有效降低工作负担。

目前，各行业纷纷通过应用人工智能技术提升客户体验。以汽车保险行业为例，传统模式下，当客户发生车辆事故时，核损人员需要使用相关软件对照片信息进行分析，再根据分析结果开展后续工作。如今，使用计算机视觉服务提供商 Tractable 开发的深度学习系统，汽车保险公司能够以智能化方式，迅速估算出汽车维修所需资金，加快整体工作进程。

近两年，越来越多的企业围绕人机互动展开激烈的竞争，在这种情况下，企业需要积极应用人工智能技术来提升用户体验。埃森哲全球调研数据统计结果显示，85% 的企业管理者有意引进人工智能技术。为此，企业要改变传统思维模式，不能将人工智能视为单纯的工具支持，而是要为其发展投入足够的资金成本，促使企业整体向现代化、智能化方向迈进。在具体发展过程中，企业可以对当前的人机交互界面进行优化，提高其反应速度及识别能力。

根据美国 IHS 汽车信息咨询公司发表的《汽车电子地图报告》，近几年，人工智能系统在自动驾驶领域的应用变得越来越普遍，语音识别技术的市场需求量较大，预计从 2015 年到 2025 年，人工智能系统的安装率会提高 109%。Gartner Group（高德纳咨询公司）的数据统计结果显示，到 2020 年，世界上会有 2500 万辆互联汽车投入使用，这些汽车能够与其他车辆及交通基础设施之间实现信息连通。通过使用计算机视觉技术，汽车能够与周边环境进行互动，为用户提供诸多便利。

人工智能在制造业物流中的应用也能发挥巨大价值。制造企业经常需要搬运物料，而该作业是一项繁重的体力劳动，损害员工身体健康。如今，很多制造企业已经采用智能搬运机器人来取代传统人工作业。举例来说，三星俄罗斯工厂引进了无人驾驶电动汽车（仓储机器人自动驾驶技术开发商 RoboCV 为该汽车提供技术支持），能够以自动运行的方式加快工厂的生产运转。RoboCV 系统能够对附近环境情况进行感知，据此选择恰当的数学模型，自动识别车辆前进途中遇到的障碍物并重新进行路线规划。

### 虚拟团队：打造智能客服系统

智能化是企业数字化改造的高级阶段。随着智能技术水平的提高及其应用范围的拓展，人工智能将成为企业数字化的集中代表。应用相关技术，企业能够与客户展开高效互动，针对性地解决客户问题。

考虑到人工智能提供的服务更加高效，相较于企业员工，人们将更倾向于选择与人工智能设备进行互动。在这种情况下，人工智能客服服务质量会直接影响企业给客户留下的整体印象。所以，人工智能的应用水平关乎企业的品牌建设，通过为客户提供优质服务，企业可抢占更高的市场份额。在美国，每年因客户服务无法满足消费者需求造成的企业损失达上万亿美元。

每个人工客服一次只能为一名顾客提供服务，而人工智能客服系统则能够同时服务于多名客户。运用高质量的人工智能客服系统，企业能够树立良好的品牌形象。与此同时，企业还能利用深度学习技术，针对客户的差异化需求输出针对性的服务内容，以企业的整体发展战略为核心，及时调整服务计划。通过这种方式，企业能够实现柔性化运营，强化对自身品牌建设的管控能力。

作为一种生产要素，人工智能究竟能够产生多大的影响？埃森哲的研究显示，到2035年，人工智能有潜力使公司的盈利能力平均提高38%，使12个经济体在16个行业的产出提高14万亿美元。人工智能的应用将改变团队构成。举例来说，以往，IT运营管理平台IPcenter要靠人类工程师来保证平台的正常运转，如今，该平台已经开始用人工智能来解决客户遇到的基础设施问题。在网络信息化时代下，平台相关系统都能与用户开展智能化互动，并将各类工具资源整合到一起，来为用户提供一体化解决方案。

企业在开发人工智能价值的过程中，要对原有体系架构进行改革，积极引进相关机器设备，升级现有技术系统。另外，企业还要对员工进行技术培训，使其掌握人工智能工具的运用方法，熟练掌握人工智能服务平台的应用编程接口，加快实现企业的信息化、智能化运营。

企业要想实现用户体验的提升，就要发挥人工智能的推动作用。在这个过程中，人工智能的应用能够促使企业重塑组织结构。为了给人工智能提供资源支持，企业要改革当前的业务流程，进一步完善基础设施建设。

为此，企业要改变系统与界面之间相互独立的状态，在此基础上打通所有的交互点。在人工智能的驱动作用下，企业与用户将不再是单纯的交易关系，更是相互尊重、互利共赢的合作伙伴关系。在这种情况下，只有改革传统客户关系管理模式，在双方互动过程中更加注重用户反馈，才能充分体现出互动系统的价值。

传统模式下，企业与客户之间的互动是简单的直线式交易。如今，利用完善的人工智能系统，双方则能够在各个层面、不同渠道开展交流互动。依托人工智能技术，企业能够为客户提供多种选择，具体如语音沟通、文字交互，以及虚拟现实情境下的交流等。通过采用灵活多变的互动方式，企业能够优化其客户关系管理，提升客户服务质量，最终获得更多的经济收益。

长期以来，由于技术方面的限制，很多企业服务用户能力较差，而通过人工智能优化企业与客户之间的互动方式，企业就能够针对个体用户输出符合其个性需求的定制化服务。当企业能够依据客户偏好与其展开高效互动时，就意味着企业能充分发挥人工智能在顾客体验优化方面的价值。同样，多样化的选择也能够给用户带来更多便利。

在企业建立起完善的人工智能系统之后，即便顾客未掌握专业的技术，也能通过简单的操作来使用先进的技术工具。为了进一步降低技术门槛，企业会根据用户的具体使用情景在界面中添加相关的智能应用工具。

当这些工具的应用范围不断拓宽时，企业就能利用人工智能技术优化用户体验。以谷歌地图为例，通过使用复杂的算法，该产品能够为用户提供理想的出行方案，并以语音提示的方式帮助用户解决问题。如今，这些技术工具已经被应用到了移动智能终端，成为手机产品的标配。

## 2.2　场景应用：AI 时代的数字化赋能

### 场景 1：个性化营销解决方案

在人工智能呈现出蓬勃发展之势的今天，各行各业的企业管理者逐渐认识到了这种技术蕴藏的巨大商业价值，但在多数管理者看来，除了像谷歌、IBM 这样的实力型企业之外，其他公司并不具备发展智能计算系统的条件。

事实上，所有企业都能够借助人工智能及其他相关技术来优化自身运营的各个环节，具体如企业的人力资源管理、客户服务、业务操作等。在人工智能时代下，企业应该及时抓住机遇进行调整与改革，而不应被动观望。

未来，对人工智能技术的应用程度成为衡量企业竞争实力的重要因素。企业可以借助人工智能技术的应用，来提高自身运营的智能化水平，精简业务流程，促进产品及服务系统的优化。近年来，人工智能在越来越多的领域得到了应用，具体如自动驾驶汽车、信息真伪判别、市场发展趋势分析、消费者开发、虚拟助手等。

　　善于利用人工智能的企业在与同类企业竞争时处于优势地位。利用人工智能技术，企业能够提高营销的针对性，满足客户的个性化需求，从而增加自身的利润所得。全球性管理咨询公司 BCG 的数据统计结果显示，2019—2023 年，在金融服务、医疗健康及零售行业中，能够提供个性化营销服务，且表现优异、占据总体前 15% 的企业将创收 8000 亿美元。

　　近年来，零售领域运用大数据及人工智能技术实施个性化营销的案例层出不穷。比如零售企业可通过移动端应用平台获取会员相关信息（包括会员消费的时间、购买频次等），从而把握消费者日常消费习惯，综合考量总体消费趋势与消费者个人喜好，推出定制化产品来满足不同消费者的个性需求。

　　对营销型企业而言，人工智能的作用集中体现在提高企业的整体绩效水平，而非实现自动化运营。比如，某保险公司利用人工智能中的机器学习将客户细分为不同的类型，让销售代理根据企业的总体发展目标与客户的个性化需求，为其推荐最优保险方案。

　　在这个过程中，保险公司会依据客户所处的不同时期来分析其不同的保险需求。当然这需要利用先进的数据分析技术，对包括人口统计数据、以往销售记录、政府政策等在内的多种因素进行分析。

　　在此基础上，保险公司就能为不同客户推荐符合其需求的保单，并发现客户的多种需求，促进相关保险产品和服务的销售。通过机器学习，保险公司还能对不同地区的市场需求情况、代理人能力进行分析，从而进一步提高产品销量。

　　由此可见，人工智能可以为营销和销售领域的发展起到积极的推动作用，为了加快其应用进程，企业必须提供足够的行业大数据支持。

### 场景2：助力智能化产品研发

相较于营销与销售领域，人工智能在研发领域的应用尚处于发展早期。研发领域的数据资源在数量上远不如零售行业，且无法运用数字化方式进行资源获取。另一方面，除了复杂程度高、技术专业度高之外，科学技术因素的限制也是必须考虑的一点。但不可否认的是，人工智能在该领域拥有十分广阔的发展前景。

依托人工智能技术，硅谷人工智能公司 Citrine Informatics 打造的 Citrine Informatics 数据平台能够缩短研发周期，解决数据资源不足问题。事实上，市场中很多公开的数据都来自最终取得预期效果的实验项目，而且这类数据提供方还会根据资助部门的利益进行取舍。Citrine Informatics 数据平台打造了更为完善的关系网络，能够获取研究机构没有公开的实验数据，对有限的数据资源进行补充。

为了避免降低研究成果可信度，大部分研究机构不会公布实验中的负面数据，但完整的数据库体系应该包括这些负面数据。运用人工智能技术，采用多种方法获取更多数据资源，能够有效加快研发进程，用原本 1/2 的时间就完成某些应用的研发。

在制造业领域，企业可以利用人工智能及专业工程软件，在获取各类操作数据的基础上，改进现有设计系统。与此同时，人工智能的应用能够有效促进 3D 打印技术的发展，突破传统工程惯例的约束，扩大该技术在制造业中的应用范围。

要想推进人工智能在研发方面的应用，就要加强对数据的收集与整理。为了丰富数据资源，企业可以选择与高校或研究机构进行合作，对历史数据进行数字化处理。由于研发领域对信息及技术应用的专业度要求较高，相对应的人工智能解决方案也比较复杂。为了降低方案复杂性，企业要对人工智能应用所需的数据资源进行逐一梳理，并通过开展相关实验项目筛选必要的数据资源。人工智能在产品和服务中的应用可以创造巨大价值，具体包括自动驾驶车辆、智能投资咨询服务等。

　　人工智能服务提供商在开发出新产品或服务后，会尽快向人们呈现智能产品的独特优势，这与人工智能在其他领域的应用有所不同。通常情况下，这类企业开发的产品与服务及其采用的商业模式之间存在紧密的联系，为了保证自身的正常运转，企业需要打造专业的人工智能团队，这也是许多企业加大人才投入的主要因素。

　　以全球领先的汽车与智能交通技术供应商博世为例，该公司致力于加强人工智能设施的建设，并为该项目提供了足够的资金支持。未来，博世会进一步加强对人工智能技术的应用，着力开发人工智能产品，将人工智能引入产品开发与制造过程中，提高整体的智能化与现代化发展水平。

　　另外，自动化及人工智能的应用，将促使企业革新传统商业模式。制造商可以利用人工智能对设备运行过程中可能出现的故障进行预测，显然，这在传统模式下是无法实现的。

　　广大国内企业需要以人工智能的发展趋势为基准，制定切实可行的战略目标与实施方案，同时要注重完善基础设施体系，为人工智能的长期发展打下坚实的基础。这种应对方式与企业在数字化战略中采取的行动存在一些共性，但在具体实施方面又存在许多不同之处。

　　随着人工智能的应用，传统的工作结构会发生变化。有些人认为人工智能会导致失业率增加，但根据波士顿咨询与麻省理工学院的联合调查结果，人工智能的应用对失业率影响相对较弱。接受调查的公司管理者表示，在可预见的未来，企业即便引进人工智能，也不会因此辞退员工。

此外，人工智能的应用，会促使员工提升自身的能力，掌握更多、更专业的技能。即便没有人工智能的出现，员工也要不断自我提升，但人工智能要求他们缩短适应时间，更快地掌握新知识，提升工作能力。只有积极进行变革，企业及员工才能在变化发生时迅速适应新环境，跟上时代发展的步伐。

### 场景 3：优化企业的运营效率

人工智能可以在企业运营过程中发挥重要作用。一般来说，运营实践与流程包含了许多重复性的环节，运营期间会产生海量的数据资源。另外，应用于某一领域的人工智能，可能在其他领域中也适用。现阶段下，许多在运营方面得到普遍应用的人工智能技术，比如非线性生产优化技术，在实践过程中要对各类相关要素进行综合分析，不能只着眼于单一的因素而不考虑整体。

举例来说，某工厂安装了一个具有核心作用的合成发电系统，该系统在运行过程中出现故障，工厂的供电就会出现问题，导致其他环节无法保持正常运转，使工厂面临严重损失。

虽然厂家在该系统长期运营过程中收集了许多数据信息，但对于哪些因素可能影响其运行状态，却缺乏全面而有效的把握。如果企业仍使用传统分析方式，恐怕很难发现不同因素之间的关联。

工程设计人员联手数据科学家，利用人工智能技术可以有效解决这一问题：运用机器学习算法对历史数据进行分析，通过合适的人工智能模型对各类相关因素进量化处理，分析这些因素是否会给发电系统的运行带来影响，进而评估该系统能够持续正常运行的时间。

与此同时，工程设计人员利用机器学习算法进行深入的数据分析，以此为前提开展系统化的运作，对关键变量因素进行自动化的调整，保证合成发电系统能够持续运行到企业进行下次设备维护的时间。更为关键的是，借助该系统，工程设计人员能够提高设备运行安全性，按照原定计划对设备进行维护，最终提升工厂经济效益。

除了对工厂设备进行预测性维护之外，这种模式也可以应用到人类的健康医疗行业中。某保险公司与美国联邦医疗保险达成合作关系，应用人工智能来为患者提供预测性医疗服务，并通过这种方式促进保险体系的完善。

企业通过机器学习技术对患者的病历信息进行分析，据此将客户划分成不同的类型，从而为不同类型的客户提供不同的预防性医疗服务方案。

金属冶炼制造厂可以采用人工智能与非线性优化技术改善制造技艺，推动整个行业的发展。通过联手专业的科研人员，工程设计人员能够将历史数据整合到统一的神经网络体系中，从而改造传统生产方式，提高制造技艺，扩大工厂利润空间。实践证明，这种改革不会增加工厂的费用支出，且改革在一个半月内就能完成，不会造成大量的成本消耗。

此外，人工智能技术也适用于供应链管理领域。目前，很多企业在采购环节会出现重复交易的问题，且采购过程中会产生大量结构化数据。人工智能在采购领域的应用主要体现为智能化采购建议的提供、采购合同审查的半自动化、聊天机器人等。

### 场景4：AI与企业服务的融合

在人工智能的支持下，企业能够找到各种需求所在的具体情景，运用人工智能技术打破行业之间的界限，将内部各个流程体系连接起来，提高多个环节的运转效率，解决企业在发展过程中遇到的问题，寻找更多新的发展机遇。

图 2 - 3　AI 在企业服务领域的场景应用

◆**人工智能 + 外包服务**

不少企业会采用外包形式，将一些非核心职能交给第三方来承担。现在，外包企业则可通过智能化方式来完成这些工作。以 IBM、HCL、Tata 为代表的大型外包企业已经在人工智能领域展开深度布局。通过打造自动化平台，进行智能化改革，企业能够提升服务溢价，并减少在人力资源方面的成本消耗。

在发现自动化技术与人工智能融合应用的优势之后，越来越多的服务机构开始将传统人工操作转换成机器人设备，在此基础上利用人工智能来提高设备应用的智能化水平，加快企业整体运作效率。

比如，银行可以将自动化流程体系与人工智能结合起来，取代传统人工作业，只有智能终端在遇到无法解决的问题时，才让员工介入。显然，这可以帮助银行节约成本，加快客户服务流程，提高客户满意度。

◆**人工智能 + 招聘服务**

中小企业在人力资源方面的预算相对有限，很多优秀人才投递的简历可能无法呈现到管理者的面前，或者因为他们缺乏面试技巧最终被企业淘汰，导致企业难以招募到合适人才。而通过应用人工智能技术，企业可以对大量的简历进行快速筛选，以较低的成本找到自己所需的优秀人才，并将应聘者安排到合适的工作岗位上。

通过使用智能化招聘工具，企业能够从传统的招聘模式升级到智能招聘模式，提高人力资源与自身发展需求之间的匹配度。比如，通过钉钉等社交媒体与应聘者进行互动，要求他们根据问题作答，利用智能系统对答案进行分析，筛选合适人才进入下一轮面试。在此基础上，HR人员与候选者进行更加深入的互动交流，组织面试。之后，采用人机结合方式对候选者的面试表现进行综合评价，最终确定招聘结果。

在新兴技术的驱动下，未来人工智能将促使更多行业发生变革，而实力型企业从中获利后，将会促使越来越多的中小企业积极投身人工智能领域。

### ◆人工智能＋安全服务

在人工智能时代下，一些安全软件供应商会利用人工智能技术进行产品升级，为客户提供安全服务，提高自身网络系统运行的安全性与稳定性，避免客户数据信息被盗用。

举例来说，在网络安全服务提供商的支持下，英国政府通信总部利用网络应用安全系统 The Profiler 能够提高自身网络系统安全性，减少结构化查询语言及跨站脚本攻击导致的安全问题。美国征信企业 Equifax 就曾遭遇此类黑客攻击，由于 Equifax 缺乏应急机制，该事件引发了严重的公民个人信息泄露问题。

当网络流量的变化超出正常范围时，The Profiler 也能够对可能出现的风险进行有效预测。与此同时，基于深度学习算法，The Profiler 还能对外界的异常情况进行感知，并启动预警机制。此外，The Profiler 系统交互界面的设计充分考虑到了用户需求，在用户打开危险链接之前，系统会及时提醒用户后续操作的潜在风险。

## 2.3　未来决策：重新定义管理者工作

### 把人工智能当作亲密的"同事"

将人工智能应用至企业管理领域受到了企业界的青睐，这将会给企业管理模式、方式方法等带来重大改变。人工智能技术的发展与应用可以有效提高生产力，从而改变人的生活方式，进而引发管理理论、模式的变革。

管理大师赫伯特·西蒙（Herbert Simon）指出："管理就是决策。"他认为管理是由一系列决策构成，管理目的正是借助对决策的制定、执行及反馈来实现。随着人工智能技术不断发展，那些企业管理中的日常重复性工作将由智能系统完成。未来，管理者将摆脱日常管理琐事的束缚，其价值将更多地体现在非结构化决策方面。

当然，这也对管理者的能力提出了更大的挑战。未来的企业管理将采用人机协作的管理模式，智能系统将成为人的合作伙伴，为管理者提供决策支持，帮助后者减少决策失误，提高管理效率。

把人工智能当作"同事"对待后，管理者就会改变之前的看法，不再担心人工智能的应用会给自己带来威胁。尽管人工智能无法完全代替人类做出判断，但先进技术的应用能够为管理者提供有效的支持，帮助管理者在短时间内进行数据分析，快速完成信息的搜索。对于人工智能技术在决策过程中的应用，多数管理者持积极的态度，认为智能系统能够为其决策制定提供有价值的参考。

投资分析企业 Kensho Techonlogies 在这方面进行了有益的探索。该企业的投资经理人可以与企业的信息咨询服务系统进行简单互动，比如就当前的市场投资情况及其发展趋势等进行提问，并迅速得到系统提供的精准回复。在此基础上，投资经理人就可以根据系统提供的支持，对自己做出的决策进行客观分析，明确在今后的投资过程中要承担哪些风险，并提前制订危机应对方案。

利用人工智能的自动化操作，不但能够提高工作效率，管理者还可以与智能机器进行高效互动，提高信息获取效率，随时随地得到有效的支持与帮助。

事实上，管理者本身应该具备一定的创造力，同时也要善于发挥并利用员工的创造力。管理者要对员工提出的创意想法进行加工，以此为核心制订完善的行动计划，并在实施管理的过程中将该计划付诸实践。

随着人工智能技术的普通应用，越来越多的行政工作将以自动化方式来完成，企业的管理者要将更多的精力投入到培养创造思维方面。

在企业数字化转型成为主流趋势背景下，管理者必须适应新时代的发展，持续提高自身的协同创造能力，对员工提供的创意想法进行整合，形成独特的创意方案，进而发挥团队整体的创造力，推动企业的长期稳定发展。

## 帮助管理者高效处理行政工作

在信息科技快速发展的今天，人们逐渐意识到人工智能将对各行各业产生深远影响，比如很多工作将实现自动化操作等。所有企业管理者对此要有清晰的认识，了解人工智能的价值所在，充分发挥人工智能在处理行政任务方面的优势，不断自我完善，适应新时代的发展需要。

此前，管理者在行政协调和管控方面投入了大量时间和精力。根据一项数据调查显示，管理者用于行政协调和控制类工作的时间占到所有工作时间的 50% 以上。以酒店管理者为例，为了保证服务工作的正常开展，酒店经理每天都要做好排班工作，在出现员工请假、离职情况后，及时填补岗位空缺。人工智能能够在行政管理领域发挥重要作用，帮助管理者高效处理各项行政任务。

除了为员工排班之外，许多管理者需要撰写工作报告。此前，美联社平均每季度撰写 300 篇企业季报，通过使用人工智能技术，其报道数量增加至 4400 篇。这在输出更多报道内容的同时，也帮助记者节省了更多的时间，让他们能够将精力用到深度报道方面。

大部分企业管理者还要撰写管理报告，人工智能技术同样能够完成这项工作。部分企业已经在这方面进行了初步的探索。

数据分析公司 Tableau 联手自然语言生成工具提供商 Narrative Science 共同推出 Narratives for Tableau 扩展程序，该程序能够采用智能化方式给 Tableau 的图片搭配文字说明。

得益于人工智能技术的发展与应用，未来，那些程序化、常规化任务（比如收集并整理信息、工作流程检查等）将由人工智能系统完成，管理者将有更多的时间与精力用于战略性思考和决策。

人工智能可以随时随地为管理者提供管理支持，降低其工作负担，并提高其工作效率；借助面对面沟通或远程互动形式，实现管理者和智能机器的协同合作；通过智能机器强大的计算、搜索能力，让管理者科学决策。

此外，人工智能将针对管理者自身的特长、兴趣、未来规划等，为其提供个性化建议，从而帮助其充分利用碎片化时间，不断提高自身的业务能力与综合素质。

未来，创造性思维将是衡量管理者能力的重要指标。管理者必须不断提高自身的协同创造力，在人工智能的帮助下，将各种信息和方案进行整合，为企业制订可持续增长的长效解决方案，实现自我价值的同时，为企业乃至社会创造价值。

## 未来管理者要掌握的核心技能

人工智能可以提高企业运营效率，让管理者不再被日常琐事所累，提高企业运营的程序化的科学性，但人工智能永远不可能替代非常规工作、需要做出判断和重大决策的工作。很多决策所需的洞察力不是人工智能单纯通过数据分析所能获得的，它需要管理者充分利用自己对组织发展历史和文化的了解进行伦理反思，这也是人类判断的核心所在，即利用经验和技能制定至关重要的商业决策。

战略开发、数据分析和解读、判断导向的创造性思维和尝试能力，是未来管理者取得成功的关键技能。

尽管人工智能技术的应用能够给管理者提供大量的数据资源，但除了数据分析之外，管理者在制定决策时还要考虑其他方面的因素，包括企业文化、历史背景、伦理因素等。在制定重大决策时，仍然要用到管理者的经验与专业能力。

管理者要想在工作中取得良好的成绩，不仅要提高自身的数据分析能力，还要培养自身的创造性思维能力，学习战略开发与制定方面的知识，并将其应用到实际工作中。

在新的时代背景下，各级管理者都要明白，只是根据企业的章程规定行事是不够的，还要在工作中积累更多的经验，提高自身的判断力，并在实践中积极发挥创造性思维。从这个角度来说，在制定决策的过程中，管理者不能完全依赖人工智能技术，而是应该利用这种先进的工具手段获得更多的决策支持。

判断能力对管理者来说是非常重要的，与此同时，社交技能也是管理者不应忽视的一项重要技能。只有具备良好的社交能力，管理者才能够建立自己的人脉网络，在工作中实现优势资源的整合，从这个角度来说，在人工智能的帮助下，管理者可以在社交方面投入更多的时间和精力。

在具体实践过程中，管理者可以借助数字技术获取客户、合作商家的数据资源，进行高效的数据分析，在社交过程中达成一致的看法，实现信息传递、经验分享等。

随着技术的进步与发展，人工智能的应用范围会不断拓宽，身为管理者，无须因此产生焦虑心理，而是应该积极发挥人工智能的支持作用，聚焦于人工智能无法代替的领域。

虽然人工智能技术能够以自动化方式完成某些任务，比如撰写报告，但管理者仍要自行提取关键信息，并将其及时分享给员工，为后者的工作开展提供方向指引。智能机器能够代替人类进行资源搜索，但战略计划的制订仍要由管理者来完成。也就是说，企业可以借助人工智能来完成一些流程化的操作，为人类的决策提供有效帮助，但真正的决策仍然是由管理者制定的。

目前，很多企业都存在分析人才短缺问题。想要解决这一问题，企业应该转变传统发展方式，适应新时代的新要求，将部分传统工作交给智能机器，更加重视那些智能化技术无法替代的人工作业。身为企业的管理者，要及时转变思维，促进企业的转型升级。那么，管理者应该采用哪些方式来推动组织的变革呢？

（1）抓住探索先机。在人工智能迅速发展的今天，管理者要积极尝试，敢于试错，在实践中积累经验，为企业的后续发展做好准备。

（2）通过制定新的标准促进技术的应用与发展。要采用新的标准来衡量人工智能的应用效果，比如信息共享、决策制定的合理性、创新思维能力、协作能力等。

（3）提高专业人才的协作能力、判断能力、创造能力，注重优秀人才的引进。根据企业发展的不同需求建设相应的人才队伍与管理团队，提高专业人才的社交能力与创造能力，发挥团队成员的优势，从整体上提高企业的竞争实力。

人工智能对组织变革的影响是长期性的，而且其在发展过程中扮演的角色会愈发关键，这种颠覆性的变化是很多管理者未曾想到的。想要更好地适应人工智能时代，管理者需要对企业的人力资源进行有效分析，及时储备企业未来发展所需人才，从而提高企业变革成功率。

# 3

# AI+营销：人工智能变革传统营销思维

# 3.1 数字营销：重塑全新的营销生态

## 基于4R理论的数字营销变革

随着人工智能在营销领域的应用，营销活动愈发智能化，但依然没有跳出4R营销理论的基本范式。4R营销沿着"用户—连接—数据—智能"的轨迹升级发展。从这个路径来看，最初的营销或可称为大众市场营销，比如可口可乐将所有市场视为目标市场，对全球市场进行全面覆盖。至于后来的细分、定位，都属于目标市场营销。

20世纪末，以数据库为基础，欧美一些公司提出一对一营销。目前，在大数据的支持下，人工智能不仅可以轻松做到一对一营销，还能增进企业与消费者的联系，做到"千人千面"基础上的场景介入。比如当消费者需要披萨时，德克士的相关信息就会自动弹出，从而进入关键点的场景营销。

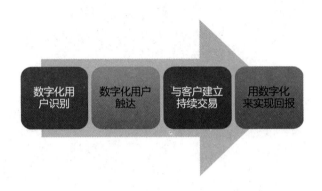

图 3-1　基于 4R 理论的数字营销变革

◆ **数字化用户识别**

4R 中的第一个 "R" 指的是 Recognize，即数字化用户识别，这是一种新的用户识别方式，识别维度更广，过程更加智能，场景感更强，每个关键瞬间都能实现数字化。

借助人工智能、物联网等先进技术，智慧零售的实现有了新模式、新方法。比如随着计算机视觉与各种传感器的广泛应用，无论是直接相关数据，还是非直接相关数据，都可作为数据来源。在此基础上，一个线下实体店就相当于一个网页。

借助机器视觉，人工智能可实现人脸识别、商品识别，对顾客在店铺内的行动路线进行追踪，对客流进行分析等。未来，消费者选购商品的行为、消费者的情绪都能实现数字化，数据来源将打破行为数据的范畴，向更加广阔的维度延伸。

◆ **数字化用户触达**

4R 中的第二个 "R" 指的是 Reach，也就是数字化覆盖与用户触达，可与人工智能的应用场景——个性化推荐相融合。只有借助数据驱动才能产生个性化营销，消费者希望自己的需求被人了解，希望获得个性化的服务，然而在现实生活中，个性化推送往往变成"垃圾信息轰炸"。

借助人工智能，营销人员可规模化地辨识潜在客户，并将客户引流至企业官网、App 等渠道完成转化。借助智能算法，广告投放模式得以有效改变，广告商可以对资源进行智能分配，使资源实现自动优化；广告主可在广告平台点击、注册、购买，全面搜集多元数据，并发现数据背后隐藏的潜在用户需求。

◆ **与客户建立持续交易**

4R 中的第三个"R"指的是 Relationship，即"与客户建立持续交易的基础"。在对客户关系进行数字化管理时，应用人工智能技术将促使市场营销各环节发生颠覆性变革，比如客户服务、客户体验、沟通协作、客户关系、社交媒体等。

根据 IDC 发布的报告，到 2020 年，自动化客服将成为全球最大的应用场景。届时，聊天机器人、客服机器人将实现广泛应用。在自动化客服领域，未来 1～2 年，微信、Twitter、Facebook 将掀起一场对话式商务风暴，全面接管客户服务。

在自动化沟通协作领域，未来 2～3 年，在以 AI 自然语言处理和语音识别技术为基础建立的协作系统支持下，无边界沟通将逐渐成为现实。借助 AI 语音识别技术，机器可以获知人类的想法；借助自然语音处理与机器学习技术，机器可以理解人类的语音，还能对其进行分析，然后以人类语言做出回应。

◆ **用数字化来实现回报**

4R 中的最后一个"R"就是 Return，即"用数字化来实现回报"。

人工智能的升级可通过三个方面体现出来，一是营销自动化，二是营销内容自动化生产，三是场景变现。

在人工智能的支持下，市场营销可实现自动化。首先，利用机器对积累的客户数据（包括行为数据、交易数据、客服数据等）进行分析。其次，根据分析结果构建算法模型。然后，利用算法模型对客户类型与需求进行预测。最后，实施个性推荐等自动化营销。

在营销内容自动化生产层面，未来5年，借助人工智能自动生成的营销内容将在总市场营销内容占比将超过50%。

在场景变现层面，借助人工智能，商品定价将从固定价格转变为动态价格。根据不同的消费场景，比如不同的消费时间和地点，将消费者历史数据、身份数据、场景数据等进行整合，真正实现按人定价。

## 人工智能在营销领域中的应用

随着人工智能在商业营销领域的持续渗透，过去那些被视作天方夜谭的想法有了实现的可能。目前，人工智能已经被亚马逊、京东、阿里等互联网巨头广泛应用于营销活动之中。此前，由于对人工智能的了解不够深入，对其在营销活动中的实际表现缺乏足够信任，鲜有企业愿意投入足够资源开展基于人工智能的自动化营销。近年来，随着人工智能应用日趋成熟，越来越多的企业尝试在营销实践中，引入人工智能，以便实现营销效果最大化。具体来看，人工智能在商业营销领域有如下几种应用：

（1）推荐系统。在人工智能的辅助下，企业可创建一个更加个性化的推荐系统。目前，阿里巴巴、亚马逊等电商平台都在尝试利用人工智能构建个性化的推荐系统，根据数据分析向用户自动推荐个性产品，节省用户购物时间成本，切实改善用户购买体验。

（2）聊天机器人。借助人工智能，网站可打造聊天机器人，及时回答用户疑问。开发聊天机器人需要应用智能算法，从知识库中调取相关内容对用户提问做出回答。与人工客服相比，聊天机器人可提供7×24小时服务，避免用户长时间等待。

（3）决策支持。科学决策是企业长期稳定发展的关键所在。决策正确与否直接关系企业生死存亡。管理者每天都要做大大小小的决策，但决策不是一个简单的过程，为保证决策效果，管理者必须在决策前从各个方面进行综合考量。而人工智能的应用加快了数据收集、分析、处理的速度，为管理决策提供强力支持。

（4）内容营销。以搜索引擎营销为例，谷歌利用人工智能使搜索日趋智能化，可以带给用户更优质的搜索体验。这种情况下，营销人员可以利用谷歌的智能搜索功能，快速找到目标用户搜索次数最多的关键字，创建优质营销内容。

（5）减少页面的加载时间。高清晰度的图片和视频能增强页面吸引力，但同时也会使页面加载速度变慢，从而影响用户体验。而人工智能的应用可有效解决这一问题。通过智能算法对图像、视频进行优化，确保页面吸引力的同时，有效缩短页面加载时间。

（6）预测营销。人工智能可对用户个性需求进行精准预测。互联网时代，网民的搜索、浏览等行为都以数据的形式存储在互联网企业数据库中。以百度搜索为例，百度搜索日均响应用户搜索请求达数十亿次，而这些搜索数据都被保存到百度数据库中。通过人工智能对这些数据进行处理，可描绘出包含用户位置、兴趣、喜好、职业等多维信息在内的用户画像。在此基础上，精准预测需求，有效提高营销转化率。

（7）定制网站。借助人工智能，同一网站可以根据用户兴趣、需求向其展示差异化内容，从而给用户带来更为良好的浏览体验。

（8）语音搜索。近几年，语音搜索已经成为一大主流搜索方式。借助语音识别系统，用户可发出多元化的语音指令，来指导智能设备完成各类任务。与此同时，人工智能可将语音转化为文本，为用户提供满足其需要的各种信息。

（9）图像识别系统。基于人工智能开发的图像识别系统可对图像中的人、物进行识别，并用这些信息指导营销决策，避免营销资源浪费。

由此可见，人工智能在商业营销领域有着广阔的应用前景。借助人工智能，营销人员可更深入地理解用户。未来，随着人工智能技术的广泛应用，营销人员与客户之间的距离将大幅缩短，将有越来越多的营销人员使用人工智能开展营销活动，促使营销行业迈向智能化之路。

## 预测营销：提升销售的有效性

人工智能可以有效提升市场预测精准率。目前，随着数据量的大幅度增长，借助先进的信息技术，人们可从多种渠道获取数据。在对这些数据进行精密分析之后，企业可提取出最有价值的信息，凭借这些信息做出科学决策。从某种程度上来讲，人工智能技术已具备未卜先知的能力，可引领企业发现、获取高价值资产。

利用智能算法，人工智能从海量数据中筛选出企业需要的信息，然后在此基础上构建一套可对各种潜在结果进行准确预估的模型。当然，这个模型不是万能的，预估的结果也未必完全正确，但它却能促使销售额、用户量实现快速增长。

在大部分营销人员看来，有效营销只是一个美好的愿望，很难实现。因为消费者需求处在不断变化之中，即便最有经验的营销人员也很难准确把握这种变化，洞察消费者需求。而人工智能的引入将彻底改变这种局面，在大数据、深度学习等技术的支持下，营销人员可获取大量高质量数据，通过数据分析获取用户需求，使营销工作得以彻底改变。

深度学习无须人为操作，它通过反复试验开展工作。这些算法可对人类大脑进行模拟，以人类大脑的活动方式获取信息。所以，营销人员可利用深度学习对消费者需求做出准确理解与分析，制订有针对性的行动方案，策划一些更具体的营销活动，为一些复杂问题的解决留出充足时间。

为了策划出更具战略性的营销活动，营销人员需要投入大量时间与精力，对目标受众群体进行深入了解。过去，高质量数据属于稀缺资源，这些数据的主要来源就是人工统计；而如今借助人工智能技术，用户每次浏览互联网的数据与信息都能被记录、储存下来，通过对这些数据进行深入分析，营销人员可获知用户需求、用户行为、未来的行动等信息。

根据这些信息，营销人员可对市场营销活动进行优化，为消费者提供符合其需求的信息。在人工智能的支持下，营销人员可轻松创建符合消费者需求和喜好的系列广告。

人工智能时代，产品销售周期将进一步缩短，因为客户可及时获知与产品相关的信息，无须投入太多时间与精力挑选产品，可在最短的时间内做出购买决策。而营销人员则可以利用这些持续积累的消费大数据对客户进行分析，从而采取有针对性的措施引导客户重复购买。

借助人工智能，企业能对客户行为进行精准分析，进而提高预测精准性、有效性。比如通过与谷歌、IBM等人工智能巨头合作，企业可增进对消费者的理解，实时掌握不断变化的消费者需求。

人工智能将给传统营销模式带来巨大冲击。随着人工智能在数字营销领域逐步应用，用户需求驱动的数字营销将逐渐成为现实，不久的将来，横幅广告、弹窗广告等硬性广告将会被淘汰。

随着人工智能在数字营销领域的广泛应用，未来，数字营销将呈现出全新的变化，比如销售周期缩短，决策更加优化，销售流程更加简化，消费者开始进行"预测性"购买等。但无论如何，在这场变化中，用户与品牌都将受益无穷。所以，未来几年，营销人员要积极以人工智能为工具，强化渠道建设，拉近与顾客的距离，提升营销业绩。

美国 Everstring 公司曾做了一项调查，调查结果显示：在已经应用人工智能开展预测营销的企业中，营销人员销售业绩增长极快，几乎比同行业平均水平高 42%；在传统企业中，仅有 14% 的营销人员的销售业绩实现了如此高速的增长。

未来，在全球范围内，将有越来越多的企业应用人工智能，借人工智能提升自身销售业绩，在市场竞争中保持优势。从实践层面来看，未来，一名合格的营销人员必须具备利用人工智能解决问题的能力；一名成功的企业家也必须能利用人工智能获取足够的、有价值的数据，并从中找到更多的企业发展机遇。

### 交互体验：优化客户关系管理

几年前，大部分营销人员将人工智能视为一种新奇事物，不曾想到要将这种技术应用至营销领域，帮助自身更为高效地开展营销活动。各大媒体平台更多的将人工智能视为一项有趣、新潮的功能，没有认识到其引领未来的能力。但目前，营销人员早已转变对待人工智能的态度，越来越多的营销人员开始利用人工智能开展营销活动，而不只是以人工智能为噱头吸引用户关注。

随着社交媒体全面融入人们的日常生活，再加上人们在电商购物、信息搜索、观看影视剧等线上场景中留下大量数据，人工智能将在数字营销领域爆发出巨大能量。将人工智能应用至数字营销领域后将切实提升客户体验，提升预测分析的准确度，使精准营销成为现实，从而为企业带来更多投资回报。

目前，在数字化市场中，消费者需求愈发个性化。为增进与顾客的互动，满足其个性需求，营销人员必须提升自己的业务能力与综合素质。

借助人工智能技术，营销人员可对客户进行细分，并在合适时间向用户推送合适的信息，采取有针对性的措施刺激用户购买。在这个过程中，也将积累海量数据，以这些信息为基础，营销人员可聚焦用户特定需求，与用户建立密切联系。

企业细分客户市场的方法通常是在特定时间点将客户聚集到一起，在人工智能环境下，企业可发现每一位客户进入细分市场的路径。根据不同时间，客户在不同细分市场的行动路径，对客户行为做出准确预测。

通过这种方式，企业可将客户市场细分提升到一个全新的水平。目前，随着市场竞争愈演愈烈，品牌可基于精细化的客户市场细分与客户面对面沟通，带给客户更优质的体验，使客户对品牌的忠诚度及客户的终身价值均得以大幅提升。

未来，无论是在数字产品领域，还是在营销领域，人工智能都将成为重要组成部分。目前，创业公司争相将人工智能引入其营销平台，行业巨头也对人工智能给予了高度关注。比如亚马逊利用人工智能，通过Alexa平台开展语音营销，苹果也采用了类似玩法。虽然这只是人工智能应用的冰山一角，但它足以证明，人工智能可重新塑造消费者的购买行为，帮消费者做出更科学、更理智的购买决策。

在数字营销领域，人工智能在提升用户的个性化体验方面将创造巨大价值。对于企业来说，客户是生存发展之本；对于营销人员来说，内容是吸引客户，刺激客户购买的关键。如果营销人员能将人工智能引入内容营销，就能根据掌握的数据（比如客户的基本信息、购物偏好等）定制内容营销活动方案，创新营销模式，使业绩得以大幅提升。最重要的是，引入人工智能之后，营销人员可为客户定制营销内容。

在利用人工智能提升用户体验方面，具有感知能力的多维度通信系统 Chatbots 就是一个典型代表。Chatbots 利用掌握的信息与客户沟通，使客户沟通更为人性化、个性化，未来，有望取代传统聊天室与文字通信。同时，该通信系统可以借助语音、触摸等功能让用户享受到个性化的体验，带给用户真实的交流体验。

除此之外，人工智能还有一个应用就是增强现实。借助这一功能，营销人员可让消费者在购买产品之前就对产品进行真实感知，刺激用户做出购买决策，提升销售业绩。

目前，消费者的个性化需求越来越多，如果品牌无法满足消费者需求，就会失去市场竞争优势，导致业绩下降甚至被淘汰出局。要想为客户定制产品，提供优质服务，首先要获取用户的个性化需求，在这方面，人工智能聊天机器人是一个极好的工具。

人工智能聊天机器人可全天候地为顾客提供咨询服务，与顾客高效率地互动，增强与顾客的联系。智能聊天机器人提升了问题解决效率，它们 24 小时在线，且前后态度统一，不会出现不耐烦、暴躁、愤怒等情绪，提升了企业服务水平与客户满意度。

基于自然语言理解技术，聊天机器人能够优化企业的客户关系管理。Facebook 针对 Windows 系统开发的桌面聊天软件 Facebook Messenger 就在窗口中添加了聊天机器人，方便用户进行信息搜索。

航空公司、银行在运营过程中需要对大量的客户信息进行管理，这类企业可以使用聊天机器人提高客户信息搜索及处理效率，并借助人工智能服务平台提供的设计工具开发聊天机器人系统，满足客户多元化信息需求，实现企业与客户之间的高效互动。

聊天机器人能够实现企业与客户间的智能化交互，更好地服务于企业的客户维护。如今，聊天机器人已经在企业的诸多运营环节中得到了应用，进一步促进了人工智能的发展。

此外，营销人员可借助人工智能对用户行为进行跟踪，根据获取的数据进行预测分析，有针对性地与用户互动，从而为其定制独一无二的产品、服务与行程。

### AI 数字化营销的未来发展趋势

得益于相关技术的快速发展，人工智能数字化营销虽然仍处于初级发展阶段，但其商业价值已经得到企业界的充分肯定。具体而言，人工智能数字化营销的未来发展趋势主要包括以下几个方面：

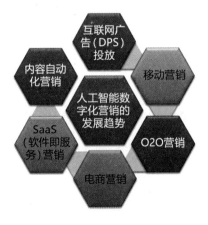

图 3-2 人工智能数字化营销的发展趋势

### ◆ 互联网广告（DSP）投放

传统 PC 端 DSP 主要采用"根据广告性质筛选目标受众——小规模投放——人工分析——定位目标受众——开展大规模投放"的人工运营模式，不仅效率低下，而且成本较高。人工智能技术的应用有力地推动了 DSP 的转型升级。

目前，基于人工智能的 PC 端 DSP 已经相对成熟，它通过实现广告程序化投放，降低成本的同时，提高营销效率与精准性。基于人工智能的 PC 端 DSP 可以借助大数据、云计算等技术对广告资源和广告受众进行最优化匹配，提高营销附加值，并优化用户体验。在 DSP 投放过程中，通过大数据技术对用户数据进行深度分析和挖掘是一项关键环节，对营销精准性乃至转化率有直接影响。

### ◆ 移动营销

流量从 PC 端向移动端转移推动了移动营销的崛起。进入移动互联网时代后，营销相关信息的广度和规模大幅度提升。一方面，信息规模呈几何倍数增长，智能手机等便携式移动设备可以为广告商提供目标受众地理位置等多元化信息；另一方面，移动端信息时效性、精准性明显提升，和 PC 设备主要根据 IP、Cookie 信息识别用户相比，移动设备存在唯一的设备号，广告商可以将同一个目标受众分散的信息串联起来，为开展智能营销奠定坚实基础。

不难发现，近年来，国内移动互联网市场竞争日趋白热化，越来越多的国内企业选择进军海外市场，而海外移动营销服务商凭借在数据资源、营销技术等方面的领先优势，将迎来重大发展机遇。

#### ◆O2O 营销

O2O 营销的发展和新零售模式崛起存在直接关联。蓬勃发展的社交平台为 O2O 营销提供了丰富多元的用户数据。人们热衷于在微信、微博、抖音等社交媒体平台上用文字、图片乃至视频记录日常生活，而广告商可以利用人工智能技术对这些社交数据进行分析，获取用户的职业、兴趣、购买习惯等信息，从而开展定制营销。在 O2O 营销领域，社交大数据在以下场景中的价值尤其值得我们期待。

（1）影响力传播模型建设与分析。

（2）社交关系分析。

（3）区域目标用户分布分析。

（4）建立知识图谱。

（5）相关主题历史记录分析和未来趋势预测。


#### ◆电商营销

从商业价值角度上，电商平台积累的海量消费数据无疑是一种高价值数据。人工智能数字化营销将驱动电商迈向智慧电商阶段。从平台性质方面，电商平台的发展主要经历了三个阶段。

（1）信息撮合阶段。电商平台利用互联网对交易双方信息进行整合，不介入交易过程。

（2）在线交易阶段。电商平台参与交易过程，提供供应链管理、营销、支付、售后服务等多种服务。

（3）资源聚集阶段。电商平台利用人工智能技术整合各种优质资源，并基于数据分析，精准对接各方需求，实现多方共赢。目前，电商平台正处于从在线交易向资源聚集过渡阶段。

◆SaaS（软件即服务）营销

随着移动互联网流量红利逐渐耗尽，广告主对流量转化率指标愈发重视，SaaS营销备受推崇。人工智能技术可以打通企业内外部数据，为品牌商提供一体化营销解决方案，这就为SaaS营销的进一步发展注入了强大动力。

在SaaS营销中，人工智能技术可以降低人工成本，提高软件服务精准性，优化用户体验；SaaS软件服务可以积累丰富多元的海量数据，促进智能算法与分析模型的持续优化完善。

◆内容自动化营销

随着人工智能技术的不断发展，内容自动化营销将成为一大主流趋势。在内容自动化营销模式中，广告商将通过对用户画像、所处场景等数据进行分析，对广告内容进行自动化优化，以符合用户意愿的形式自动呈现广告内容，实现智能决策。这对降低营销成本、提高营销转化率将产生十分积极的影响。

## 3.2　AI 技术在内容营销中的实践路径

### 路径 1：促进优质内容的生产

借助人工智能，数据分析、运算变得越来越简单，可将员工从烦琐的重复性工作中解脱出来，促使员工将更多精力投放到具有创新性的工作上，实现其个人成长，助力企业发展。

对于大部分企业来说，引入并应用人工智能并不是一件易事。首先，企业要将人工智能融入自己原有的业务流程，并将其打造成团队工作的核心，操作起来非常困难。其次，目前，管理层对人工智能的认识层次较浅，不愿意为人工智能系统设计与设备引进提供足够的资金支持。

但令人欣慰的是，目前，企业的营销活动已引入很多人工智能技术，在这些技术的作用下，整个商业世界的规则与面貌将发生极大的改变。

目前，已有媒体机构引入人工智能撰写新闻稿件。未来，人工智能将具备高效的优质内容撰写能力，不仅可以将原始数据转化为能传达信息的内容，还能自动生成标题。这意味着人工智能将通过文案创作引领企业营销模式革新。

对于营销人员来说，人工智能最大的价值就在于减少了日常工作开展过程中的认知知识量，为创意内容的制作提供了辅助。人工智能最显著的优点就在于，它能辅助营销人员根据相关信息创建营销内容，这些信息可以是原始数据、目标用户群体定位、细分标准等。未来，会有越来越多的营销人员利用人工智能自动创建内容。

人工智能制作的创意副本并非不可实现，事实上，美联社、华盛顿邮报等新闻机构已经开始利用人工智能制作现场新闻报道。借助人工智能驱动的创作工具，营销人员可在更短的时间内获得创意内容，无须再专门聘请广告代理商或内容团队。

近年来，美国企业间流行一款人工智能写作系统——Automated Insights，该系统可将数据转化成符合人类阅读习惯，能被人类更容易理解的自然语言。主题确定之后，该系统可根据主题自动收集信息，从中筛选出有价值的信息，形成可阅读的文案。目前，虽然 Automated Insights 撰写的文案文法干涩，但涵盖了所有需要传达的信息、数据，上下文关系也非常连贯。

人工智能技术还能提高营销人员的工作效率。比如人工智能可以提升海报、广告等内容的写作质量，通过搜索引擎优化提高营销工作的开展效果

### 路径2：实现精准的内容推送

当前，内容推荐是最常见的营销与传播方式。而随着人工智能技术的发展，给内容营销领域带来了一些新的变化。美国 Outbrain 公司利用人工智能对受众进行挑选，有针对性地推送内容，以提升内容的阅读

率。这样一来，营销人员无须再从海量反馈中人工挑选目标受众，而且可以有效保证信息传播效果。

在人工智能环境下，信息可以实现智能推送。但事实上，人工智能内容推荐的最大价值是推荐营销人员不知情的，但对营销活动有益的内容。这一点很好理解，现阶段，新闻媒体、电商网站每天都会给根据消费者的浏览记录向其推荐内容与商品，很多时候，这些内容的作者、产品隶属的商家都毫不知情。

IBM 的人工智能"沃森"（Watson）是内容智能推送方面的佼佼者。之前，新兴的运动品牌 Under Armour 就与 IBM 合作，开发了一款应用软件，这款软件可根据相似的用户数据，有针对性地为用户提供健康建议。

由此可见，未来，人工智能将在市场营销领域实现全面覆盖，应用将不再局限于提出购买意见、写作广告文本、设计网站界面等简单应用，还将催生更多高级应用。

美国一家商店收到顾客投诉，投诉人是一名愤怒的父亲，原因是商店为他还在读书的女儿推送婴儿用品的优惠券。但之后，这位父亲通过与女儿进一步沟通，发现女儿确实怀孕了。在这个事件中，为什么商店会先于父亲知道女儿怀孕的消息呢？

在这个事件中，大数据发挥了极其重要的作用。通过对"女儿"会员卡中的个人信息、购物记录进行综合分析，商家做出了精准的内容推送。

目前，借助人工智能，大数据的使用将变得更加高效。以规模庞大的数据为基础，人工智能可对消费者进行细分，组建社群，根据社群成员的共性制作个性化的内容，对其进行精准推送，使营销活动的投入产出比得以大幅提升。

此外，企业借助 AI 技术还能够大幅度提升邮件营销效果。基于人工智能的营销平台可根据受众的需求与喜好有针对性地生成内容，从而提高内容的点击率、阅读量。试想一下，如果某企业推出一个邮件营销活动，每封邮件的内容都是根据收件人的兴趣定制的，收件人看到邮件会十分惊喜，然后会对活动产生无限兴趣。当然，人工智能在邮件营销领域还有很多个性化功能，这就需要营销人员仔细研究，深度挖掘。

事实上，人工智能已经被应用至网络营销的各个环节。目前，几乎所有的电商网站都在积极创建人工智能搜索，希望借助人工智能向消费者推荐其需要的商品或服务，帮他们节省搜索时间，降低搜索成本。在这个过程中，消费者将获得更加优质的购物体验，逐渐对品牌建立信任。

### 路径 3：保证广告的精准投放

借助人工智能，数字广告可变得更加个性化，传播效率将大幅提升。人工智能在数字广告领域应用的一大优势就是能减少品牌与零售商的广告支出，在最大程度上防止资金浪费。广告资金浪费的一大诱因就是广告欺诈，通过引入人工智能，营销人员可在危险发生前对其做出有效识别，保证广告传播的精准性、有效性，避免投入巨额广告资金但毫无效益的情况发生。

作为人工智能的一个重要领域，图像识别技术在数字广告投放方面能够发挥非常重要的作用，该技术也是目前全球互联网公司争相开发的重点项目。以亚马逊推出的图像识别 AI 系统——Amazon Rekognition 为例，它能够实现对人脸、情绪、标注对象的识别。比如当面对一张小狗图片时，这套 AI 系统能够做出"动物""宠物"的判断，甚至还能识别出它的品种。

社交媒体显然是一个庞大的图像来源，因为社交媒体用户偏向阅读有图片的内容，比如在 Facebook 平台，相较于一条纯文字的帖子，有图片的帖子的参与度要高 2.3 倍。研究显示，在全球范围内，每天分享的图片大约有 32.5 亿张。

对于数字营销来说，这些图片都可使用人工智能进行分析，从中提取目标用户的消费习惯、消费需求与消费行为等。营销人员可利用人工智能软件在社交媒体搜索图片，并将其与大型图像库进行对比，进而得出结论。

比如，零食制造商将它们的品牌与社交媒体中用户上传的照片进行对比，获知购买者的基本信息，比如性别、年龄等，发现品牌营销的优势地理位置，比如公园、超市、剧院、海滩等。营销人员可根据这些信息调整营销策略，使投资收益最大化。

借助社交媒体和大数据技术，营销人员可以增进对客户的了解，客户也能增进对产品的了解。未来几年，在人工智能及其相关技术的支持下，无论是零售企业还是客户，都将获取更多收益。

另外，广告平台引入人工智能之后，可利用机器学习对一定周期内的广告活动进行优化。在营销活动实施过程中，营销人员可以根据人工智能提出的建议对营销活动方案实时优化，强化营销活动的事前、事中控制。

综上，随着人工智能的广泛应用，数字营销领域的革命拉开了序幕。目前，这场革命刚刚开始，但已展现了人工智能技术的创新应用。尤其是在内容创作方面，人工智能表现出了强大的创造能力，甚至已经在某些类型内容的创意方面成为人类强有力的竞争对手。未来，随着越来越多的创新算法被开发出来，一键创建有吸引力的内容将成为现实。对于营销人员来说，这一点非常值得期待。

随着人工智能技术不断发展，营销人员将有更多机会增进对消费者的理解。未来5~10年，人工智能技术将变得无处不在。这就表示，营销人员要开始思考在哪个时间节点将人工智能引入营销工作，以便实现其价值最大化。

# 3.3　智能客服：AI 颠覆传统客服行业

## 人工智能时代的传统客服变革

近几年，人工智能技术迎来快速发展期，其在各行业特别是客服领域的落地应用，尤其值得我们期待。将人工智能技术应用到客服领域，并非仅是简单的帮助企业降低客服成本，提高用户满意度，更能推动传统客服模式的转型升级，给整个客服产业带来颠覆性革新。在"人工智能 + 客服"时代，客服产业链的服务成本、服务范畴、渠道运营、服务流程等管理要素将被重构。

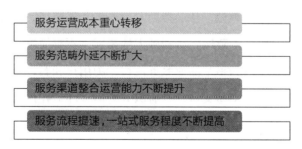

图 3 - 3　人工智能时代的传统客服变革

#### ◆服务运营成本重心转移

传统客服行业是一个典型的劳动密集型产业，人工成本在客服部门运营成本中占据了较高的比重。而将人工智能技术应用至客服领域后，可以用智能客服机器人取代人工完成那些需求庞大、较为简单的客服服务。比如流程化、标准化的客服业务受理已经可以完全交给机器人完成，企业不需要为此招聘大量客服人员，并对其进行系统培训等。

未来，随着人工智能技术不断发展，智能客服机器人将能够完成更为复杂、更高难度的客服任务，处理效率和质量也会明显提升，使企业的客服部门人工成本得到明显降低。这就意味着智能客服系统的引进、研发、运维等，将成为企业客服成本重心。

#### ◆服务范畴外延不断扩大

在很多传统企业看来，客服中心就是成本中心，它不但不能创造价值，还需要企业为之付出较高成本。但事实显然并非如此，客服中心的海量数据资源是一个巨大"金矿"。此前由于技术限制、管理者认知能力不足等因素，客服中心的数据资源得不到充分利用。而人工智能的出现，为解决这一问题提供了有效手段，使企业可以挖掘更多的用户需求。比如利用语音识别、机器学习、大数据等技术，对用户数据进行分析，为其描绘用户画像，从而帮助营销人员开展精准、个性营销。

未来，客服服务范畴将得到极大地拓展，不再简单地局限于企业末端环节，而是拓展到整个商业服务流程，为用户和客户提供包括供应链管理、订单管理、交易支付、售后服务等诸多环节在内的一体化解决方案。也就是说，客服中心将不再被动地为客户和用户提供响应式服务，而是主动连接他们，并在人工智能技术的支持下，提供精准营销等溢价能力更高的增值服务。

#### ◆服务渠道整合运营能力不断提升

打造覆盖全渠道的全媒体客服中心成为企业界的主流趋势，越来越多的企业开始大力拓展客服中心的服务渠道，从传统语音渠道扩展至各种社交平台，比如微信、微博、抖音等。Gartner Group 表示，预计到2020 年，选择在社交平台上为用户提供服务的企业占比将达到90%。也就是说，社交平台将是企业服务用户的重要载体。

社交平台缺乏统一标准、数据无法实现共享等因素，给企业打造全媒体客服中心带来了诸多阻碍，不过随着新媒体行业发展日渐成熟、相关技术快速发展等，这些问题将迎刃而解。

#### ◆服务流程提速，一站式服务程度不断提高

传统客服中心的服务流程较为烦琐、复杂，影响用户体验的同时，也提高了企业运营成本。而将人工智能客服机器人应用到客服中心后，服务流程将得到有效优化，帮助企业建立一站式服务体系，促进企业运营管理的提质增效。此外，智能客服可以 7×24 小时为用户提供客服服务，进一步提升用户体验，降低客服人员工作负担。

### 人工智能在客服领域中的应用

随着互联网迅猛发展，人们的客服需求越来越多，给传统人工客服带来了巨大的挑战。从企业的角度看，人工客服成本较高，无法开展大数据挖掘，而且人工客服的反应速度滞后于产品更新速度。从用户的角度看，随着客服需求越来越多，人们等待客服的时间越来越长。在这种情况下，智能客服机器人的出现很好地解决了上述问题，与人工客服相辅相成，共同为用户提供高质量的客服服务。

目前来看，人工智能在客服领域的应用主要体现在以下四个方面：

图 3-4 人工智能在客服领域中的应用

◆智能语音服务

以传统 IVR（Interactive Voice Response，互动式语音应答）为基础，利用智能语音识别与分析技术可以为企业构建智能语音服务系统。该系统具备智能化、个性化、高效率的优势，能够对 IVR 菜单进行扁平化管理，满足客户多元化需求，有效提升客户满意度。

在基于人工智能技术建立的语音导航系统中，用户只要"说"出自己的需求就能获得需要的信息和服务，享受到更加高效、便捷、人性化的自助语音服务。该系统还能向用户提问，增强互动性，给用户带来更多乐趣。此外，在整个交互过程中，用户可以随时出声打断，无须听完提示语，可随时说出自己的需求，系统可对用户说话的起止点做出准确判断，发现用户说话后及时停止提示语的播放，使整个交流过程更便捷、更自然。

呼叫导航技术具备较强的自然语言理解能力，通过对用户话语中的关键词进行分析，可准确识别用户需求，为其反馈合适信息，提供优质服务。未来，在这些先进技术的支持下，语音自助服务应用可让用户享受到最自然的交互体验，使客户满意度、服务的自动化水平得以大幅提升。

#### ◆ 智能语音质检

智能语音质检与分析系统具备自动化质检功能，通过对用户语音进行分析挖掘到用户最真实、最核心的需求。该系统通过制定质检策略与规则筛选录音信息，发现质量问题，并将结果提交给质检人员，由质检人员对问题进行确认，实现自动化质检，有效提高质检效率与质量。

借助智能语音分析系统，语音分析的导向作用将得以充分发挥。通过对重点客户的来电原因、通话时长、满意度、重复来电等情况进行分析，可及时发现客户需求的变化，找到服务过程中存在的问题，并及时进行处理，从而提升服务质量与营销效率。

#### ◆ 智能机器人

智能机器人可对用户提出的问题进行意图识别，无论这些问题来自何种渠道，微信渠道、微博渠道、手机 App 渠道还是其他渠道。根据意图识别结果，与知识库或企业的业务系统对接，或查询知识，或调整业务流程，最终用最科学的方式将结果反馈到终端渠道，展示给用户知晓。智能机器人可全天候工作，收集全渠道信息，实现社交化、媒体化，减轻人工客服的工作量，节约运营成本。

#### ◆ 智能知识库

在"互联网＋全媒体"时代，客户反馈需求的渠道越来越多，从单一的电话渠道扩散到多媒体渠道。这就给企业传统知识库带来了极大的挑战。目前，随着人工智能技术不断发展，越来越多的企业开始着手构建"三化一体"的智能知识库。此处的"三化"指的是知识结构化、知识智能化、知识互联网化，能够使客户日益增长的服务需求得到极大的满足。

现阶段，中小企业因资金、人才、技术等资源严重不足，无法自行开发智能客服系统，必然要寻求合作。在这种情况下，一些专注于智能客服系统研发的科技公司应运而生。为响应市场需求，网易、京东等大型互联网企业也相继开放技术服务，将自己的人工智能技术与第三方公司共享。

比如 2016 年，网易推出了自己的全智能云客服系统"网易七鱼"，经过严格验证之后推向市场，进入电商客服领域。电商、金融等企业的客服管理部门通过 SaaS 云接入"网易七鱼"后，便可获得有针对性的对话数据，了解用户提问频次较高的问题，并通过智能机器人给出答复，从而减轻人工客服的负担，降低服务成本。目前，"网易七鱼"已被邦购、转转、年糕妈妈、网易考拉海购、云集等众多电商企业引入，为超过 5 万家企业提供智能客服服务。

人与智能机器人的自然交互建立在语义理解的基础上，而这需要构建知识库与语义库。随着越来越多的企业加入，积累的数据规模将越来越大。这对于知识库与语义库的构建非常有利。

现阶段，市面上出现了多种智能客服机器人，比如小 i、智齿、V5K 等，其接入形式大致有两种：一种是本地部署；一种是 SaaS 云部署。企业未来的运营方向、投资方向、运营流程、运营效果等，在很大程度上取决于智能客服机器人服务项目的选择。

近年来，我国人力资源成本不断增长，招聘并培养一名人工客服的成本越来越高，未来，人员密集的企业客服中心必将面临巨大的人力成本压力。为解决这一问题，使企业的客服中心实现可持续发展，企业必须引入智能化客服机器人，精简人工客服团队，将有限的人力资源集中在高价值客群上。

# 【案例】京东JIMI：智能客服机器人

近几年，我国电商市场迅猛发展，自营电商、垂直电商、跨境电商、自媒体电商等各种电商业态层出不穷。人工智能与互联网电商具有先天适配性，因此，电商行业成为最先引入人工智能的行业之一。早在2013年，京东便推出可自主研发的人工客服京东JIMI；2015年，阿里巴巴推出自主研发的人工客服阿里小蜜。公开数据显示，京东JIMI服务的用户数量早已突破亿级，阿里小蜜的工作量相当于3.3万名人工客服。除此之外，网易考拉海购的迅速崛起也离不开网易自主研发的全智能云客服系统——"网易七鱼"的鼎力支持。

随着线上服务渠道的成熟与完善，需要长时间等待的人工电话客服逐渐"失宠"，用户不断向方便快捷的互联网客服渠道转移。京东商城是我国最大的自营式电商，在线客服团队人数高达5000多人。这个在线客服团队足以应对日常工作，但如果遇到"618""双11"这种大型购物节，客服团队就会显得捉襟见肘。

为解决这一问题，2012年12月，京东筹建了JIMI智能客服团队，利用机器算法模拟人的思维，代替人工客服为用户提供客服服务。之后，随着深度学习技术的研究逐渐深入，京东在JIMI方面的布局愈发完善。

2014年9月9日，京东深度神经网络实验室（DNN Lab）正式成立，其首要任务就是借助神经网络、异构计算、知识层次等新兴学科与技术保证京东在技术层面处于领先地位，提升JIMI的智能性，拓展其应用范围。目前，京东JIMI承担了

50%的京东客服工作，未来，JIMI承担的客服工作比例将提升到80%。

2016年9月，京东JIMI智能客服机器人推出开放平台，与第三方企业共享这一先进的人工智能技术，以便让更多的企业和用户享受到更优质的客服体验。目前，京东JIMI不仅在商城业务中有所应用，还被用于京东金融、达达、叮咚等多项业务，而且服务范围越来越大。

机器人客服有很多优点，比如不会出现较大的情绪波动，尤其是不会生气、愤怒，不会表现出不耐烦，不用休息，不用给予情感关怀，无须培训，不用担心会突然离职等。实践证明，在简单、重复性的工作中，机器人有很多人类没有的优点，在劳动密集型的客服领域尤为适用。

### ◆智能机器人取代人工客服的核心技术

智能客服机器人涉及很多人工智能技术，比如深度神经网络、自然语言处理、语义分析和理解、机器学习、大数据等，其中深度学习是一项非常重要的技术。

有人将深度学习算法称为"人工智能皇冠上的明珠"，这一形容恰如其分。深度学习通对深层神经网络模型进行充分利用，是目前最接近人脑的智能学习方法，受到了Google、Facebook、百度、腾讯、阿里巴巴、京东等国内外知名互联网企业的热烈追捧。

DNN Lab与Google、百度、腾讯的不同之处在于，前者关注自然语言的处理，后三者关注的是图像识别与语音识别。目前，京东的深度学习算法主要用来打破传统机器学习算法的瓶颈，从各个方面提高 JIMI 的性能及智能程度，带给用户更优质的客服服务。为实现这一目标，DNN Lab 的研究工作主要聚焦于以下四个领域：

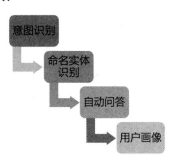

图3-5 京东 DNN Lab 的核心研发领域

（1）意图识别：通过意图识别对用户输入的文本进行有效分析，将其用户需求划分到不同的类别，比如订单、售后、商品、闲聊等。对于京东 JIMI 来说，意图识别是一项非常重要的应用，对于接收到的每一条消息，JIMI 都要对其意图做出精准判断，然后才能给出最准确的反馈。

（2）命名实体识别：先识别文本消息，然后再抽取命名实体，与人名、商品名、地名、机构名等相对应，对用户语言做出更深入的理解。

（3）自动问答：知晓用户意图之后，通过自动问答系统调取候选答案，对候选答案进行排序，给用户提供最合适的反馈。深度学习算法可使自动问答的准确率得以切实提升。同时，京东还创建了一个知识库，让 JIMI 通过深度学习算法对各个词语蕴藏的情绪进行有效识别，进而做出有针对性的回答。

（4）用户画像：通过各个维度的数据对用户进行细分，

比如用户的性别、身高、能力、购物记录、历史浏览记录、购物倾向、最近关注的商品、是否有孩子等。在此基础上，绘制用户的精准画像，明确用户的价值维度、类别、性质，判定用户是理性保守型用户还是冲动型用户，并根据这种精细的画像为其提供精准的服务。

人工客服与用户交互积累了大量数据，京东利用这些数据对 JIMI 进行训练，对每一个用户场景进行模拟。从实际效果来看，如果仅是单纯的对话，用户很难分辨对方是 JIMI 还是人工客服。迄今为止，京东 JIMI 接待的用户早已超过亿级，人工客服的压力得到了极大的缓解。

# 4

# AI+零售：新消费时代的智慧零售图景

# 4.1 零售科技：AI 驱动下的智能零售

## 互联网开启数字化新零售时代

纵观零售业的发展历程，虽然零售业态愈发丰富多元，比如便利店、社区店、百货商场、连锁商超、购物中心、电子商务乃至新零售业态等，但零售的本质始终没有改变，都是强调更低的成本、更高的效率与更为优质的体验。一个新的零售业态能够崛起，至少要在其中一个方面有所突破，而能够成为零售主流趋势的业态，往往同时在这三个方面有所突破。

人工智能、物联网、大数据、云计算等新兴技术推动的新一轮零售革命，将有力地推动资源的高效整合与配置，让交易主导权真正回归用户，实现制造商、供应商、服务商、零售商及广大用户等多方共赢。

### ◆传统零售商与电商平台的现状对比

大型传统零售商确实在一定程度上受到了电子商务的冲击，但它们本身已经积累了相当多的忠实顾客，而且对于部分商品，比如日用品、食品等，人们对实体门店更放心，所以，大型传统零售商还不至于陷入生存危机。

蔬菜、肉类商品保质期短且直接关系到人的健康，在食品安全问题频发的环境下，网购这些商品需要较大勇气。即便天猫、京东等天猫平台年销售额持续刷新纪录，选择网购这类商品的用户也是相对有限的。家电、家居商品客单价高，商品体验，以及安装、维修等售后服务对消费购物决策有重要影响，如果传统零售商可以做好服务和用户体验，也无须担心被电商企业淘汰出局。

缺乏核心竞争力的小型传统零售商生存状况颇为堪忧，线上卖家不需要承担实体门店的房租、水电成本，导致小型传统零售商在商品价格方面处于劣势。而且小型传统零售商往往没有足够的资金用于改善门店服务与体验，对价格战过度依赖，导致自身盈利能力持续下滑。这种背景下，大量小型零售企业倒闭或向电商转型就成为一件很自然的事情。

新零售时代，无论是传统实体零售商，还是电商企业都不应该局限于某种单一的渠道，布局全渠道是必然选择。沃尔玛已经将电商作为自身的一项重要战略业务，在美国、英国、巴西、加拿大等地建立了电商平台。2018 年 11 月 15 日，沃尔玛公布了 2019 年财年 Q3 财报，该财报显示，沃尔玛第三季度营收 1249 亿美元，同比增长 1.4%；在线销售额同比增长 43%。

亚马逊在巩固线上优势的同时，也在积极布局线下，比如测试无人便利店 Amazon Go、收购全食超市、开设实体店 Amazon 4－star 等。

无论是实体零售，还是电子商务，在我国都有广阔的发展空间。确实，近几年，集购物、观影、餐饮等多功能于一体的购物中心大量涌现，但考虑到我国庞大的人口基数，这些购物中心远无法满足实际需要。而且目前零售企业开设购物中心时，更倾向于在购买力强的一二线城市开店。和日本、美国等发达国家相比，我国实体零售发展成熟度较低，实体店在服务和体验方面仍有很大的提升空间。当然，这也为电子商务的发展带来了诸多优势。

电商商品品类丰富多元，而且价格较低，尤其受到年轻人的青睐。对于电商卖家而言，让消费者更低成本地购买合适的商品本身没有问题，但这不能以牺牲服务和体验、破坏产业良性生态为代价，未来，电商卖家还需要在提高经营管理水平方面投入足够的时间与精力。

### ◆互联网时代赋予零售"数字化"的新内涵

零售数字化并非简单地引进信息系统、使用手持智能终端这么简单。在互联网时代背景下，零售数字化有着更为丰富的内涵。

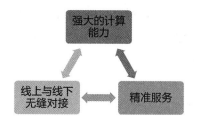

图4－1　互联网时代的零售数字化

（1）强大的计算能力。互联网时代的所有事物都可以被数字化表达，消费者的浏览、点击、收藏、购买、评论、分享等数据都可以被实时搜集，从而为企业分析并满足用户需求带来了诸多便利。当然，社会化大生产背景下，消费需求的满足往往需要多家企业协同合作，比如零售企业将基于经营管理数据建立的用户画像提供给生产商，指导生产商新品研发设计、产能调整，避免其盲目生产；同时，零售商将订单数据实时提供给物流商，使物流商可以对运力资源进行合理配置，降低物流成本并提高效率。

（2）精准服务。得益于智能手机、Pad等数字设备的广泛应用，用户的出行、购物、餐饮等各类数据都能被实时搜集，利用大数据、云计算等技术可以对用户需求进行预测，然后向用户推送更加符合其个性需求的营销内容，减少用户对广告营销的抵触情绪，提高转化率的同时，也将大幅度降低营销资源浪费。

有了用户需求数据，零售企业将不再被动地等待顾客前来门店购物，它们可以尝试融入用户本地化生活场景之中，用更为精准化、人性化、个性化的服务赢得用户的支持。

（3）线上与线下无缝对接。新零售强调线上与线下深度融合，而数字化是使其得以落地的重要基础。人们的购物消费愈发多元化，可以在实体门店中体验商品，然后线上下单并使用优惠券支付，让快递员送货上门；也可以在购物App中购买，到附近门店中自提，并享受门店的售后服务等。显然，想要满足消费者的这种需求，必须通过线下与线下无缝对接来实现。

## 人工智能主导下的新零售变革

在相当长的一段时间里，人们购物时仅是选购适合自己的商品，服务和体验方面的需求被长期压制。然而随着人工智能、虚拟现实等技术的在零售领域的应用，零售业发生了重大变革，人们在购物过程中可以获得前所未有的极致体验。

### ◆科技与购物完美融合

线下实体店或网店单纯地销售商品，已经很难满足人们日益增长的美好生活需要。利用人工智能等新兴科技赋能零售，推动零售业的转型升级，成为零售业的主流趋势。

一方面，个性化、多元化的人工智能产品大量涌现，比如智能可穿戴产品、智能家居产品等。这些商品凭借全新的功能和独特体验，吸引大量消费者到线下门店实际体验并购买。

另一方面，人工智能等技术改变了人们的购物方式，让人们可以更为方便、快捷地购买商品，并享受各种好玩有趣的优质服务。比如通过智能手机上的 App 预定停车位、预约购物中心中的美容美甲等服务。

对于商家而言，人工智能、大数据、云计算等新技术为提高其经营管理水平提供了巨大推力，它们可以更为深入地了解用户，根据用户的购物习惯与个性需要，为用户提供差异化的商品与服务。

### ◆定制化、个性化的消费新形态

随着购买力不断提升，人们更加注重商品品质及其符号价值，定制化、个性化消费实现快速崛起。比如，从面料、款式、图案、颜色、尺寸等多种方面定制服装；从材质、功能、设计等方面定制冰箱等。

毋庸置疑的是，人工智能、大数据、云计算等新技术的运用，是商家以较低的成本、较高的效率满足用户定制化、个性化消费需求的重要基础。此前，很多企业并非没有意识到定制化、个性化商品有更高的溢价能力，但因为没有人工智能技术的支持，生产这类产品需要付出较高的时间和资金成本，无法让企业实现可持续增长。

### ◆零售供应链面临重构

新零售时代，零售企业开始更加重视线下门店在服务和体验方面的优势，将线下门店打造为体验中心，全方位满足用户的体验需求，并支持线上购买。当然，体验中心为用户提供的优质体验，可以帮助零售企业更好地开展品牌建设，在用户心中建立良好的企业形象。与此同时，也能促进更多的冲动购买和口碑传播。

为了更为高效、低成本地完成商品交付，利用人工智能、物联网等技术对零售供应链进行革新也是很有必要的。生产商可以和零售商合作，充分利用后者的实体门店、官方商城、App 等资源，实时响应用户的全渠道消费需求。这将使层层加价的渠道商的生存空间越来越小，供应链更趋扁平化、服务化、智能化。

## 人工智能在零售业的技术应用

新一轮科技革命深刻影响了人类的生产生活，大数据技术的发展，使人类的数据处理与分析能力得到了质的提升；云计算技术的突破，极大地增强了人类的运算能力。人工智能技术也因此而得到长足发展，为传统行业的转型升级提供了强大推力。

由于同质竞争、引流成本不断攀升、服务与体验缺失等诸多因素，国内零售业陷入发展瓶颈。推动零售业转型升级，成为零售人面临的重要时代课题。而人工智能技术在零售领域的应用，为零售革命提供了广阔发展机遇，催生了智慧零售、无人零售、云仓储等新兴业态，这将显著提高零售业整体运行效率，并有效降低交易成本。

将人工智能应用到零售经营管理领域后，可以让企业实现对消费者整个购买过程的数字化。通过对购买过程中的数据进行研究分析，企业可以改善业务流程、发掘新的利润增长点。具体而言，人工智能在零售业的主要技术应用包括以下几种：

### ◆行为辨识

该场景主要应用了人工智能中的机器视觉、传感器、深度学习等技术。以亚马逊的无人零售实验项目 Amazon Go 为例，在 Amazon Go 中，

图4-2　人工智能在零售业的主要技术应用

在货架中拿商品、将商品放回、行走等用户行为都会被摄像头记录下来。同时，Amazon Go 利用压力感应装置、红外传感器、荷载传感器等识别顾客的选购行为，其主服务器中的判别模型会对顾客是否购买某件商品做出最终判断，并将判断结果体现在虚拟购物车中。结算环节由智能系统自动完成，在顾客绑定的亚马逊账户中自动扣款，用户可以在智能手机上收到订单详情。

◆人机交互

该场景主要应用了增强现实、语音识别、手势识别等技术，比如 Magic Mirror 公司测试了"智能试衣镜"项目，使顾客不需要将衣服穿在身上即可看到该衣服的 3D 效果。该项目的智能系统会自动根据顾客的性别、年龄、身高、肤色、外貌等数据，和门店内的合适服装进行匹配，实现个性推荐。

向顾客推荐的服装将会以 3D 服装模型的形式在人体模型上呈现出来，让顾客可以方便快捷地了解自己的试穿效果。与此同时，智能系统还会利用语音交互设备等和顾客进行沟通，让用户获得更高的满意度。

121

◆**决策模型**

该场景主要应用了知识图谱、线性模型、决策树集成学习等技术，比如，在京东的智慧零售布局中，京东 X 无人超市中的顾客数据将与京东平台中的数据及第三方数据充分融合，并利用智能算法对未来一段时间的市场需求进行有效预测。更为关键的是，这些需求预测信息能够转变成为工作指令，指导上游厂商设计制造、物流服务商合理配置运力资源、品牌商制订采购计划等，使供给与需求更趋平衡。

## 人工智能环境下的新零售场景

随着人工智能技术在零售领域的不断渗透，"智能零售"应运而生，将会对未来的零售市场格局带来颠覆性革新。智能零售中的"智能"很大程度上是依赖于数据分析。不仅是零售领域，大数据的价值在交通、健康、教育、文娱等领域也得到了充分体现。正像未来学家凯文·凯利（Kevin Kelly）所指出的"无论你现在做什么行业，你做的生意都是数据生意"。

基于大数据分析提高零售各环节效率与水平，可以有效延伸产业链，提升价值链。和电商企业相比，虽然部分传统零售企业有着多年的发展经验，沉淀了海量的零售大数据，但这些数据根本没有得到正确运用。

从实体零售经营特性来看，实体零售企业积累的零售大数据往往存在数据不全、关联性较差问题，比如在用户数据方面，门店搜集的数据以简单的姓名、联系方式等会员数据为主。但我们知道，想要描绘出立体化的用户画像，以便为决策提供强力支持，这些会员数据是远远不够的。

关联应用是发掘大数据价值的关键所在。将采购、库存、销售、物流、运营等数据关联起来，才能精准、高效地分析出消费需求，孤立、离散的数据是很难创造价值的。

现阶段的智能零售应用场景以销售环节为主，比如，迎宾机器人、导购机器人、智能穿衣镜等，这些智能产品在中国、美国、日本等多个国家的零售门店中均已出现。其应用场景当然不仅局限于销售环节，在采购、仓储、物流、营销、售后等诸多环节皆有用武之地，对交易效率与用户体验的提升是非常显著的。

部分零售企业积极引进新技术对订单整合、库存管理等环节进行智能化改造，意欲提高自身的市场竞争力，目前，已经初步取得了颇为良好的实践效果。整体来看，在零售企业智能化转型过程中，以下应用场景尤其值得深度发掘：

图 4 - 3　"AI＋零售"的智能化场景

◆ **基于视觉系统的应用**

将视觉设备及处理系统和传感器、NFC、物联网、客流分析系统等技术相结合，可以让零售企业开展面向个体的精准营销，全方位满足用户个性需求，并通过溢价能力较高的增值服务获得高额利润。


◆ **商品电子价签**

传统价签成本高、管理烦琐，在零售企业成本中是一笔不容忽视的支出。而电子价签具有成本较低、提供的信息更为丰富、可以给用户带来交互体验、提升商品科技感等诸多优势，目前已经被越来越多的零售企业所采用。

### ◆ 室内定位及营销

在卖场、购物中心等大型零售门店中，消费者想要找到自己想要的商品需要耗费较多的时间，提高了购物时间成本，这和快节奏的生活方式存在一定矛盾。而室内定位导航为解决这一问题提供了有效解决方案。目前主流的室内定位导航解决方案是 iBeacon 技术解决方案，其基本原理为：利用设备的低功耗蓝牙通信功能来发送专属 ID，而与之相匹配的 App 能够读取该 ID，并做出反应。

应用 iBeacon 技术解决方案，用户可以通过智能手机在零售门店中对想要购买的商品进行定位并导航至该位置。当然，商家也可以根据用户的购买需求，为用户赠送代金券，推荐组合商品等，实现定制营销。

### ◆ 智能停车和找车

顾客停车难、找车难是很多城市零售门店面临的重要问题，这直接影响门店的客流量和交易额。为了解决该问题，很多零售企业开始布局智能停车模块，帮助用户降低购物时间成本，提高购物积极性。

以阿里推出的逛街 App 喵街为例，利用该 App，用户可以实时了解零售门店的停车位情况，驾车到达停车场后，停车场将会自动识别车牌实现无阻拦入场。购物过程中，顾客可以通过手机上的喵街 App 实时了解停车位置、停车时间。购物完成后，可以在喵街 App 上在线支付，并导航至停车位后驾车离开。

## 【案例】Echo 智能音箱：强大的交互体验

亚马逊 Echo 智能音箱于 2014 年 11 月正式上线。市场调研机构 CIRP 发布的数据显示，截止到 2018 年 6 月，美国家庭智能音箱安装量达到了 5000 万台，其中，Amazon Echo、Google Home、HomePod（苹果公司推出）占据较高的比重，预计 Amazon Echo 市场份额达到了 70%，在美销量约 3500 万台，位居第一。在亚马逊看来，Echo 智能音箱并非仅是一款创造利润的智能硬件产品，而是其布局"万物互联"时代的重要入口级工具。

Echo 智能音箱用户可以实现语音购物，通过语音选择商品并下单支付，而且该音箱会对用户购买的商品进行记录，方便用户再次购买。在居家生活中，用户可以使用 Echo 智能音箱完成开关电灯、调节空调温度、调节电视音量、开关窗帘、播放音乐或电影等操作。

为了进一步增强 Echo 智能音箱的服务能力，亚马逊投入大量资源自主研发适用于该音箱的 AI 芯片，比如 2017 年 12 月，亚马逊花费约 9000 万美元收购了智能家居公司 Blink。当然，长期来看，自主研发 AI 芯片对建立核心竞争力、成本控制是有较高价值的。

在 Echo 智能音箱开发初期，其语音识别技术的水平还比较低，在用户发出指令之后，系统的反应时间接近三秒。试想这样的场景：两个人正在对话，其中一个人提出了问题，等待对方做出答复，而另外一个人听到问题后需要沉默 3 秒才能给出答案。在这样的情况下，两人之间的互动就衔接得不够自然，如果每次互动都会出现这样的情况，两者之间的对话是很难持续下去的。

为了解决这个问题，亚马逊不断提高技术水平，旨在缩短语音识别系统的反应时间。最终，在市场上亮相的 Echo 只需1.5 秒的时间就能对用户的指令做出反应。该产品使用的 Alexa 聊天助手无须借助外接显示屏就能与用户进行互动，如同陪伴在用户身边、擅于倾听的朋友，其快速的即时回应能力深受用户喜爱，Echo 智能音箱也在世界多个国家热销。

在人工智能技术的驱动下，相关机器设备的应用正变得越来越普遍。高新技术的应用难度逐渐降低，服务范围不断拓宽，人机交互的效率大大提高；另外，人工智能技术被应用到更多领域中，促进了多个行业的智能化改革与发展。

人工智能技术的应用不仅能够给消费者提供便利，也能够增加企业的收益。随着人们对亚马逊 Echo 智能音箱的认知度不断提高，该智能硬件产品对用户消费需求的刺激作用也将逐渐显现。

除了日常生活场景之外，人工智能在工作场景中的应用，能够降低技术操作难度，提高企业的战略竞争优势。举例来说，一款名为 Rhizabot 智能助理能够利用自然语言识别技术进行精准的业务分析。传统模式下，工作人员必须输入机器设备能够读懂的信息才能执行搜索命令。如今，利用人工智能及自然语言理解技术的机器设备，能够根据人们提出的问题自动进行反应，快速完成信息搜索任务，并进行高效的数据资源整合。

## 4.2　基于 AI 技术的零售企业运营进阶

### 精准识别：有效满足顾客需求

实践证明，人工智能在存在海量数据的行业中应用前景尤为广阔，零售企业经营管理过程中会产生库存、销售、价格、流量等诸多数据，利用人工智能等技术，零售企业可以将零售大数据转化为利润。近几年，随着人工智能技术的发展及应用场景的日益丰富，"AI＋新零售"具备了落地可能。

阿里、京东、亚马逊等零售巨头对"AI＋新零售"进行了广泛研究，推出了无人配送、无人零售等一系列试验项目。目前，机器学习、自动控制等人工智能技术已经被逐渐应用至零售产业链的大部分环节，特别是在精准营销、品类管理、供应链运营等方面，人工智能的应用价值尤为突出。

通过人工智能技术分析市场需求现状与趋势，企业可以优化设计、仓储、物流、营销、定价等，比如实现对客户订单的全程预测，提前将顾客需要的商品运输到其附近的门店或仓储中心，从而缩短用户购买时间，提高用户满意度。"AI＋新零售"在以下几个方面的应用价值，尤其值得我们期待。

（1）使零售企业对用户需求预测更为精准、有效，提高决策科学合理性。比如制定更为完善的供应链管理策略，设置更加符合用户需求的营销方案，实现利润产品和引流产品的合理搭配等。

（2）在机器学习及自动控制等技术的帮助下，可以让机器人取代人类完成那些劳动强度大、溢价能力较低的工作。比如分拣、装卸等，从而降低运营成本，提高利润。

（3）使购物场景更为个性化、人性化，满足人们对新奇、有趣、荣誉感等更高层次的需求，提高购买积极性，并促进口碑传播。

随着人们购买力不断提升，以及消费观念转变，人们开始渴望获得即时性、精准性、个性化的购物服务。借助人工智能技术，零售企业可以在极短时间内对顾客价值进行比价，从而持续获得高价值用户。

智能手机的推广普及，使人工智能在零售领域的应用有了更为广阔的想象空间，零售商可以将智能手机作为载体向目标用户提供个性服务，同时，结合动态定价策略，能够让销售额增幅达30%。

为了获取更多的数据资源，越来越多的传统零售企业开始在门店内布置摄像头、传感器等数字化设备。比如家乐福、塔吉特等通过电子信标实现对门店顾客行为的全程记录，并利用机器学习算法向顾客手机推送个性化营销信息，信息内含有代金券，可以进一步刺激用户购买。

自然语言处理、语音识别、图像识别等技术的发展，使零售企业的营销推广更为精准化、个性化，比如通过基于这些技术开发的虚拟助理可以对门店中的顾客进行精准识别，调用数据库中存储的社交、出行、电商等数据，和顾客进行沟通交流，并帮助他们快速制定消费决策。

电商企业 Stitch Fix 开发了一种智能分析算法，该算法可以对用户在 Pinterest 分享的图片进行分析，从而描绘出立体化的用户画像。花卉零售商 1 - 800 - Flower 引入机器学习和语言识别技术开发的一种在线机器人，可以和顾客进行在线沟通交流。

确实，根植于互联网的电商企业在探索"AI + 新零售"方面具有一定领先优势，技术和模式尤为领先，但新零售是线上与线下相结合的，传统零售企业也具备电商企业没有的优势。零售企业想要成功掘金"AI + 新零售"的关键在于，加快推进自身的数字化转型，实现对海量数据资源的存储与发掘，从而给用户带来前所未有的极致购物体验。当然，所有零售企业都需要了解未来零售业的发展趋势，这样才能避免盲目布局，更好地顺势、借势。

### 实时预测：提高零售运营效率

随着人工智能技术日趋成熟，零售企业的智能控制系统可以实现用户需求的实时精准预测，并自主发出指令。比如向供应商下单补货，要求某个门店优化产品陈列方案等。利用历史交易数据、社交媒体评论数据、浏览页面记录数据、季节性消费特征、用户基本数据等海量数据，零售企业可以对智能算法、预测模型等进行不断优化，有效提高预测精准性、时效性，把握消费者的实时购物需求，并向其推送定制内容，刺激冲动购买。与此同时，帮助供应商、物流服务商等调整运营策略，提高整个产业链价值创造能力。

可以预见的是，通过利用人工智能技术，零售企业会更为深入地了解消费需求，甚至比消费者自身更加了解他们。利用人工智能预测产品销量已经被部分零售企业运用到了经营管理之中，比如欧洲某家零售企业运用智能算法对未来一周内的水果、蔬菜销售情况进行预测，根据预测结果，向供应商合理采购，并结合促销策略，降低成本损耗，从而使销售利润提升了 1% ~2% 。

德国电商企业 Otto 建立深度学习模型，以数十亿订单为样本，对用户需求进行预测，根据预测结果优化库存管理，数据表明，该模型对未来一个月内的畅销品预测精准率高达 90% ，有效改善了企业的库存积压问题。为了充分发挥其价值，目前，Otto 授予了基于该模型的智能系统自动采购 20 万件商品的权限。未来，随着该模型进一步完善，这一数字会继续增长。

新零售模式充分证明了实体店的价值，很多零售企业尤其是电商企业开始布局线下门店，但线下门店运营涉及门店选址、装修、营销、库存、用户关系维护等多个方面，如果经营不善，会给企业带来较大的负担。而未来利用人工智能技术，可以让零售企业对门店经营状况进行预测，从而提高门店布局科学性，降低企业经营风险。

基于人工智能技术实现仓储、配送等环节的自动化，将为零售企业创造巨大价值。零售企业特别是连锁超市、便利店等业态的自动化运营，对效能的提升是尤为突出的。以英国为例，很多超市支持线上购买并送货上门，然而用人工处理线上订单时，仅将商品从货架上取下及配送环节就需要 13 欧元的成本，而整个行业的平均利润仅有 2% ，如果能够用智能机器人取代人工完成这些工作，将有效提高行业利润率。

未来的智能机器人可以和人高效协同合作，提高人的工作效率，并降低工作负担。比如国际快递巨头 DHL 开发了有轨电车，用于辅助采购者在仓库中工作。

人工智能技术可以帮助零售企业有效提高产品销量，比如美国某家零售企业利用地理空间建模对新细分市场前景进行预测，并借助统计分析建模对库存进行管理，及时补货，并消化库存，将销售额提升了 4% ~6% 。

英国电商企业奥凯多（Ocado）将人工智能技术应用到了运营管理之中，通过机器学习算法对仓库内传送带上的数千种商品进行精准控制，将其快速打包成包裹，并由机器人将包裹送到货车车厢中。之后，司机根据智能系统提供的最佳行驶路线在第一时间内将包裹送到指定地点，然后由快递员送到顾客手中。

### 智能助理：提供极致购物体验

随着大数据、机器学习、自然语言处理等技术的发展和应用，零售企业创新了顾客的消费体验。在这些技术的支持下，零售企业可以以品牌的内在个性为依据设计智能助理，并帮助顾客在最短的时间内做出更科学的购物决策。

利用 IBM Watson 提供的认知计算技术，The North Face 推出了一款名为"Fluid Expert Personal Shopper"的人工智能应用，它可以通过自然语言分析为用户提供更直观的搜索体验。此外，Sephoras Chabot 推出了 Kik；移动购物平台 Spring 推出了个人购物助理等，这预示着智能助理的应用将成为零售行业的一大发展趋势。

用户体验全方位优化是人工智能赋能零售企业的重要价值之一。排队付款是商超、卖场、购物中心等大型传统实体零售业态的一大痛点，它严重影响了用户体验，很多用户本来已经找到了合适的商品，但被收银台前拥挤、哄闹的状况所吓退，而无奈地放弃购买。如果设置较多的收银台来解决这一问题，又会提高人力成本，而且占用有限的货架面积，而未来在人工智能技术的帮助下，这一痛点有望得到根本性解决。

比如亚马逊无人零售店 Amazon Go 可以让用户选择完商品后直接离开，系统会在用户的亚马逊账户中自动扣费，并且提供电子收据，用户可以检验扣款是否正确。

在家庭场景中，智能管家将极大地方便人们的生活，比如它们能主动提醒用户什么东西即将用完，需要用户及时采购，并且会自动搜集销售这些商品的卖家的促销信息，给出最具性价比的购买方案。如果用户授予其自动购买的权限，它们还会自动下单。

谷歌推出的智能家居设备 Google Home 可以为用户提供智能控制家居设备、找到遗失的手机、找家政等本地化服务公司处理家庭事务等多种服务。为了满足用户的多元化需求，Google Home 和好市多、全食超市、PetSmart 等多家零售商达成了合作。亚马逊的 Alexa 也是类似产品。

智能家居助理的发展，使零售企业能够更好地融入用户的日常生活之中，为抓住转瞬即逝的冲动消费带来了诸多便利。比如人们在网上浏览图片、视频等内容时，可能会被某款商品所诱惑，但由于不知道具体是什么品牌、什么价格、哪些渠道可以购买等只能放弃购买，而未来的智能家居助理可以帮助人们精准识别这些商品，并结合用户的体型、喜好、购买力等推荐合适的渠道进行购买。

目前，创业公司、互联网企业及快递公司等都在积极研发各种无人送货设备。比如无人机、无人汽车、机器人等，使用这些设备不会出现暴力分拣、故意偷窃高价值物品等问题，而且包裹位置及状况可以被实时监测，能够有效提高用户满意度。未来，类似当日达、一小时内甚至半小时内送达的极致物流服务，将实现全面普及。

在复杂多变的市场竞争中，零售企业把握时代潮流是建立核心竞争力的关键所在。但这并非一件简单的事情，为此，零售企业需要注重对产业链各环节数据的搜集，从中总结规律，预测趋势。这意味着零售企业要更为开放，和产业链上下游企业进行合作，提高自身对变化的感知能力，共担风险。

特别是要加强和供应商之间的合作，强化供应链管理能力，做到商品的定制供应，实现低库存运营，比如沃尔玛将其数据开放给上游供应商，指导其商品生产、新品开发、产品包装等。

计算机视觉技术让零售门店可以对顾客面部表情、动作、行走路线等进行记录，赋予门店更强的用户洞察力。深度学习、自然语言处理等技术将使智能家居助理产品不断成熟，从而为用户提供更为人性化、个性化的优质服务。

不过，零售企业需要警惕的是，智能家居助理产品未来可能成为消费者购物决策的重要影响因素，它们将帮助消费者选择何种渠道、购买何种商品等，而智能家居助理产品的主要开发商是科技企业。如果不想被淘汰出局，零售企业需要和这些科技企业合作，以便有机会让自己的产品呈现在目标用户面前。

可以预见的是，随着人工智能技术的不断发展，未来，将会有越来越多的零售场景实现智能化、智慧化，给用户带来优质商品与良好购物体验的同时，也能提高企业经营效率，降低经营成本，创造巨大的经济效益与社会效益。

## 智能运营：赋能零售企业转型

### ◆ 开店选择优化

对于线下实体零售商来说，是否开店、如何选择店铺地址都是关键问题，因为这两个问题决定着店铺收益，甚至是店铺的生死存亡。过去，为了选择一个合适的店铺地址，零售企业需要投入大量人力资源进行实地考察。现在，随着人工智能技术不断发展及其在零售业领域的广泛应用，零售企业可以利用人工智能来确定最佳的店铺位置。

在人工智能环境下，零售企业可以通过智能算法对门店客流量、竞争对手竞争策略、周边人口购买力等数据进行综合分析。在此基础上，判断是否可以开店，以及最佳开店位置。

#### ◆人员配置

如果员工配置不合理，不仅会影响店铺收益，还会给顾客留下负面印象，损害品牌形象。在人工智能环境下，零售门店可以应用分析模型对员工能力、兴趣爱好、岗位匹配度等进行分析，合理配置人力资源，提高员工的工作积极性，从而提升产品销量，带给顾客更为良好的购物体验，提升客户复购率。

#### ◆产品组合优化

事实上，很多被管理者忽略的影响因素也会对产品销售产生重要影响，气候变化就是典型代表。比如在北美，如果夏季延长，夏天衣服的销量会增多，冬天衣服的销量会减少，而且前往实体店购物的顾客会增多。面对这种情况，零售商可以使用人工智能算法将气候变化因素纳入采购决策过程之中，从而优化店内商品结构，创造更好的销售业绩。

事实上，人们在社交平台上的分享行为的背后往往隐藏着自身的心理意图。通过人工智能算法，零售企业可以分析顾客在社交平台分享某一品牌图片的真实想法，从而增进对顾客的了解。零售企业可以利用人工智能对顾客的购买历史、季节性、种族、人口统计、年龄层等因素进行分析，结合算法为顾客提供最科学的购买建议。

#### ◆供应链优化

对于零售企业来说，供应链管理会在很大程度上影响其销售业绩，如果零售企业的库存过多，会导致运营成本增加；如果零售企业的库存不足，又会导致顾客流失，影响企业声誉，使企业收益减少。

为做好供应链管理，零售企业可以根据季节、营销行为、事件、产品等数据创建模型，利用该模型对正确的供求关系进行预测，将库存控制在合理水平，对物流进行优化管理，提高资金周转率。

### ◆改善营销和招聘策略

以历史销售数据、网站折扣、营销活动、重大事件、竞争对手信息等数据为基础建立起来的规范预测模型，可以帮助零售企业分析对销售活动产生影响的因素，从而让零售企业调整营销策略，吸引更多新用户，提升营销转化效率，推动公司更好地成长与发展。

借助人工智能预测程序，零售企业可以通过对员工工作绩效、销售经验、工作经历等情况进行分析，找到与公司长期发展需要相匹配的员工，减少员工流失，确保核心团队稳定性。

此外，零售企业可以利用人工智能对线上渠道与线下渠道进行整合，增进对消费者的了解，以便找到合适的方式向顾客推销商品。比如，A走进一家店铺，店员可立即获取该顾客近期在线上浏览商品的信息，从而有针对性地为其推荐商品，并为其提供更科学的购买意见与建议。

# 4.3 人工智能推动无人零售崛起

## 技术变革背景下的零售新风口

起源于 19 世纪中叶的现代零售至今已经有上百年的历史。在零售业尚未触网前,1959 年,家乐福开创了大卖场模式;1980 年,沃尔玛开始引进 IT 技术,这是现代零售业最为关键的两次转型。前者的背景是"二战"后的美国经济迅猛发展,民众购买力持续提升,是迎合社会主流趋势下的必然选择;后者的背景是颠覆性的 IT 技术的应用价值在电子电路等诸多行业得到了充分证明,将其引入到零售领域是很自然的事情。可以说,迎合时代趋势和技术创新驱动是产业变革的两项重要驱动力。

而互联网时代来临后,这两种驱动力得以相互融合。尤其是像空气一般无所不在的移动互联网,使时间与空间限制被打破,人们可以随时随地购买自己想要的商品,并等待快递公司送货上门。

盒马鲜生作为阿里智慧零售的重要布局,引发了社会各界的广泛关注,被零售人给予了相当高的期待。而盒马鲜生也值得这种期待,某种程度上，盒马鲜生可以被称作首个将社会结构演化和新一代信息技术迭代相结合的产业载体。更为关键的是，未来的盒马鲜生还能够演变出更多的形态，为阿里乃至零售业创造巨大价值。

目前，基于人工智能技术及其关联技术的热门研究领域主要包括量子计算、无人机、机器人、区块链、智能出行、语音助理、卫星遥感等。各领域开发出来的产品和服务都能有效推动人类社会的发展进步，零售业也将因此而发生重大革新。

比如区块链技术已经被应用至身份验证、金融、物联网等诸多和零售业密切关联的领域，为推动零售企业的提质增效提供了有效解决方案。无论是国内的 BAT，还是海外的谷歌、苹果、微软等，都在人工智能领域进行了广泛布局。

未来，人工智能各分支技术在零售业的渗透速度会越来越快。为何会出现这种情况呢？我国掀起的新零售浪潮，和很多产业变革有着明显差异，其背后的逻辑在于，零售业变革的主要因素是互联网对零售业进行重大改造升级，平台型企业用技术赋能广大零售商。

在这个过程中，平台型企业会结合技术发展实际情况，为其在零售领域的应用制定有效策略，为零售企业提高经营管理水平，改善用户购物体验，通过推动产品与服务创新来发掘新利润增长点等提供有效指导。

无人零售的发展经历很好地说明了这种现象。一方面，以阿里、京东为代表的零售巨头将无人零售视作引领未来的重要创新，积极将自身拥有的各种优质资源投入到无人零售领域来不断试错，积累相关经验。

以阿里旗下的蚂蚁金服在杭州总部蚂蚁 Z 空间中心推出的无人零售项目 WithAnt 为例，WithAnt 致力于为广大零售商提供"无人零售整体解决方案"，在不足 30 平方米的空间内，布置了十几个摄像头，配备了身份识别系统、商品识别与结算系统两大系统。这种技术配置是明显超过同行业竞争对手的，除了无人零售体验店的职能外，WithAnt 更承担了蚂蚁金服无人零售技术实验室的职能。

另一方面，猩便利、缤果盒子、果小美、便利蜂等创业公司往往是借助自身在某个细分领域（比如图像识别、自动感应等）取得技术突破后，建立一个可行性体验方案，然后，在资本的加持下快速扩张，并和媒体合作进行宣传造势，以期得到资本巨头的青睐，为自身在未来的长期试错打下基础。

但仅依靠某一细分领域的技术突破，是很难改变消费者购物习惯的，消费者新鲜感丧失后，便失去了购买兴趣。再加上如今正处于资本寒冬期，投资机构较为保守谨慎，大部分无人零售创业公司在烧掉一两轮融资资金后便被投资机构所抛弃，最终走向破产结局。

互联网公司成为零售业革新的核心驱动力之一，以及一系列新科技在零售领域的落地应用，注定了未来类似无人零售创业公司过山车般的经历将会多次上演。

人工智能对零售业的赋能，将会在拓展零售产业链的深度与广度，为我国实体经济发展增添新活力等方面创造出难以估量的价值。和传统零售相比，新零售实现了零售经营管理的全面数字化，打通了生产、仓储、营销、交易、配送、售后等诸多环节，让零售得以和餐饮、文娱等产业更好地融合，扩大服务营收占比，提高了企业的盈利能力和市场竞争力。

从人工智能赋能零售业中获利的，当然不只是零售商及其产业链合作伙伴，广大消费者也将因此受益："所见即所得"，更为方便快捷，以更低的成本获取高质量的产品与服务，获得物质与精神需求的双重满足等，这也与当下人们追求美好生活的趋势相一致。

## AI 在无人零售中的应用与实践

在科研工作者多年的努力下，近几年，人工智能研究成果密集爆发，比如谷歌 AlphaGo 击败世界围棋冠军、人脸识别技术在商业和安全领域得以应用等。在零售领域，人工智能的应用具有广阔前景，无人零售这一新兴零售业态的崛起，很大程度上就是得益于人工智能技术的发展与应用。在无人零售业态中，零售企业可以利用 RFID、条形码等技术对商品进行识别；通过传感器实时搜集并传递相关数据；用机器视觉技术对用户身份进行确认；由自助机器人提供打包、信息咨询等服务。

人工智能在驾驶、零售等领域的应用，也引发了人们对其未来发展的担忧，未来是否会出现《黑客帝国》《终结者》《机械公敌》等科幻电影中机器人威胁人类安全的情况呢？从技术角度上，这种担忧是没有必要的，按照弱人工智能（又被细分为技术驱动阶段、数据驱动阶段和场景驱动阶段）、强人工智能、超人工智能三个阶段的划分，现阶段的人工智能技术处于弱人工智能的技术驱动阶段，人工智能产品根本没有自我意识。

从诸多研究项目来看，人工智能的感知能力较强，但认知能力不足；在象棋、围棋等依赖经验积累的领域表现有良好表现，但难以发明创造。

基于深度学习、视觉识别、传感器融合等技术的无人零售是一种典型的新零售业态，它可以让消费者实现自助选购、购买，避免排队付款问题，并降低人力成本。中商产业研究院发布的数据显示，预计到2022 年，中国无人零售市场交易额将达到 1.8 万亿元，用户规模将达到 2.45 亿人。从核心技术角度上，现阶段的无人零售项目主要包括四种类型：RFID 或条码技术、自助机器人、机器视觉以及多传感器。下面分享国内几个典型的无人零售项目。

（1）淘咖啡。淘咖啡是阿里巴巴于 2017 年 7 月在第二届淘宝造物节上推出的无人零售项目，提供商品购物和餐饮服务，使用了人脸识别技术，用户通过智能手机上的手机淘宝客户端扫描二维码进入门店，想要离开门店时，通过"支付门"完成支付即可。

（2）缤果盒子。缤果盒子是一种无人零售便利店业态，首家门店于 2016 年 8 月在广东落地，也应用了人脸识别技术。进入门店前，用户需要关注其微信服务号；选购完商品后，用户需要通过扫描 RFID 标签完成付款。

（3）F5 未来商店。F5 未来商店就像一种更为智能化的自助售货机，主要销售鲜食等快消品，通过机械臂为用户加工食品，支付需要通过微信商城完成。

（4）TakeGo。TakeGo 由深兰科技推出，用户进入门店前，需要扫手完成掌静脉注册，由快猫机器人对用户的购买行为进行识别；用户离店后，系统在用户支付宝账户自动扣款。

（5）Amazon Go。Amazon Go 需要用户下载并安装 App，在入口扫码成功后便可进入门店，利用人脸识别、压力感应、音频识别、视觉识别等对用户购买行为进行识别。用户离店后，系统在其亚马逊账户上自动扣款。

（6）京东 X 无人超市。2018 年 4 月 10 日，首家京东 X 无人超市在长春正式营业，进入门店前，用户需要下载并安装 App，在入口闸机处完成扫码识别以及人脸识别；离店时，超市会打开结算通道，用户在通道内停留几秒后，便可完成支付。

上述无人零售项目都有自身的特色，未来有望在全国范围内进行规模化复制。无人零售店不但可以有效降低人力成本，还能帮助零售商对用户购买行为进行全程追踪与记录，从而帮助零售商对商品品类、陈列方案、定价策略等进行优化。当然，无人零售店仍处于初级阶段，其问题也是非常明显的，比如商品品类单一、特殊条件下商品识别表现不佳、技术限制等。

无人零售也将为精准营销提供强有力支持。无人零售店是一个宝贵的用户数据库，可以让零售企业对某种商品的用户浏览、体验、购买等数据进行分析，找到该商品的精准客群。

对于处于产业链上游环节的供应商而言，它们可以利用无人零售店提供的数据制订生产计划，并对未来一段时间内的消费需求进行预测，生产出更加符合用户个性需求的优质商品。可以说，无人零售将会对供应链管理、门店运营、用户关系维护等诸多方面产生深远影响。

诚然，当前的无人零售项目在迎合用户对服务和体验的需求方面还有很长的一段路要走，但未来随着人工智能技术不断走向成熟，在给用户创造全新购物体验的同时，也将有效提高商品交付效率，降低成本，实现零售系统商流、物流、资金流、信息流的高效流动。

## 【案例】Amazon Go 的无人零售方案

亚马逊智能零售店 Amazon Go 于 2018 年 1 月正式上线，该门店位于西雅图亚马逊办公大楼内，占地面积 1800 平方英尺（约 167 平方米）。进入 Amazon Go 购物的顾客需要扫描手机入店，选购完合适的商品后，不需要排队付款，直接离开即可。后台系统会在顾客亚马逊账户自动扣款。Amazon Go 内安装了大量摄像头、传感器等，可以对顾客的购买行为进行识别、全程记录顾客在门店内的移动路径等。

#### ◆简化流程：打造全新的购物体验

在为 Amazon Go 做宣传推广时，"Just Walk Out（拿了就走）"的无缝式购物体验被亚马逊多次提及。显然，在传统实体门店中，这种无缝式购物体验是消费者无法获得的，尤其是结账环节的存在，不但浪费了较高的人力成本，而且占用了一定的经营面积，降低了交易效率，对顾客购物体验也有较大的负面影响。Amazon Go 通过利用深度学习、计算机视觉、传感器融合等技术去除人工结账环节，可以帮助顾客节约购物时间，为其带来前所未有的极致购物体验，并提高其购买欲望。

传统实体门店中的结账环节是一项重复性、机械化作业，仅需要对员工进行简单培训即可，附加值较低，导致收银员薪资待遇普遍较低。进而引发收银员难以实现自我价值，不能获得成就感，流失率较高等问题。如果类似 Amazon Go 这种无人零售店能够得到大范围推广，将会创造巨大的经济效益与社会效益。

#### ◆Amazon 的战略意图：体验＋数据

提高商品与资金周转率是增强零售企业市场竞争力的关键所在。针对顾客需求，提供令其满意的商品，从而提高商品与资金周转率，是零售企业永恒的追求。

长期以来，传统零售企业主要通过提供一定折扣或积分兑换礼品等方式让顾客成为门店会员，然后对会员消费数据进行分析，从而了解营销方案的实际效果。但这种模式难以实现对整个购物流程的全面覆盖，不能让零售企业了解用户购买动机。

而 Amazon Go 对顾客进入门店后的所有行为数据进行记录并自动分析，为解决这一问题提供了有效手段。在 Amazon Go 中，顾客可以获得"拿了就走"的无缝式购物体验；门店经营人员可以借助后台系统的数据分析实时掌握用户需求变化，从而优化门店选品与库存，有效提高门店盈利能力。

◆Amazon go 的三大核心技术

Amazon go 的核心技术主要包括人体追踪、商品识别、手势识别。

（1）人体追踪。顾客进入门店后，摄像机和传感器会对其移动、浏览商品（包括拿取商品、放回商品等）等行为进行记录。

（2）商品识别。后台系统对人体追踪数据进行分析，修正顾客虚拟购物车商品信息。货架中的传感器设备会对顾客放回的商品进行检测，避免商品被调包等。

（3）手势识别。利用传感器识别顾客手势，来判断其行为，比如通过识别顾客拿了商品后是否有放回动作，判断顾客是否购买商品等。

# 5

## AI+教育：教育信息化2.0时代的来临

# 5.1 AI 教育的主要特征、应用与趋势

## 人工智能教育的五大典型特征

随着人工智能在人类生产生活中的逐步渗透，其对经济结构、社会生活、工作方式等带来了十分深远的影响，将影响全球资源流动，重构世界经济格局。人工智能对国家发展的战略价值已经得到了世界各国的充分肯定，越来越多的国家出台人工智能发展战略规划，为人工智能在各行业的落地应用奠定坚实基础。

比如，美国政府出台了《为人工智能的未来做好准备》《国家人工智能研发战略规划》；欧盟委员会制订"SPARC"机器人研发计划；英国政府制定了《现代工业战略》；德国公布《工业 4.0 计划》；日本政府出台了人工智能产业化路线图，并推动实现超智能社会。我国政府在 2017 年 7 月公布《新一代人工智能发展规划》，明确了我国发展人工智能的战略目标与规划。这将有力推动人工智能在我国的研究与应用，实现"科技让生活更美好"。

人工智能在教育领域的落地应用，给教育转型增添了新动能，催生

出了丰富多元的教育形态。深入分析人工智能教育在我国的应用现状、典型特征及发展趋势，对寻找行之有效的人工智能教育发展路径，推动教育改革创新，发展现代化教育，具有十分重要的现实意义。

　　具体而言，人工智能在教育领域应用的典型特征主要包括以下几点：

图 5 - 1　"AI + 教育"的典型特征

◆ **智能化**

　　智能化是教育信息化发展到一定阶段的必然结果。大数据时代，数据的潜在价值得到充分释放。通过知识表示、知识推理建立智能算法模型并将该模型和实现大规模、高性能并行运算的云计算技术相结合，将使数据的价值创造能力得到进一步提升。

　　随着技术不断更新迭代，服务教学和学习的智能教育工具将会愈发丰富多元，使学习者学习积极性得到显著提升。与此同时，虚拟现实技术的应用，将会使线上学习环境和线下生活场景融为一体，给学习者带来更为便利化、智能化的交互体验，使人们树立泛在学习、终身学习的优良习惯，推动人类社会不断发展进步。

◆ **自动化**

和人脑相比，人工智能在记忆、逻辑运算、基于特定规则的推理等程序化工作方面具有比较优势。对于那些较为客观，且存在明确目标的事务，人工智能往往有较好的表现，比如物理、化学、数学等理工类学科，由于这类学科可以制定客观、量化的评价标准，自动化评测实现难度较低。

文本挖掘、自然语言处理等技术的发展，使短文本主观题目的自动化测评具备落地可能，未来有望在大规模考试中得到广泛应用。这将显著降低教师的工作负担，使他们有更多的时间与精力用于完善教学内容与方式方法。

◆ **个性化**

在搜集学习者的个人基本信息、位置信息、学习记录、社交信息、认知特征等各类数据的基础上，应用人工智能程序建立学习者算法模型，可以让教育机构掌握每个学习者的个性化学习需求，实现学习资源、学习路径及学习服务的定制推荐。

◆ **多元化**

人工智能是一门交叉型学科，教学内容设计应该充分考虑该特性，比如我国政府积极引导高校提高人工智能专业教育水平，打造"人工智能 + X"创新专业培养模式。在教育部于 2018 年 4 月印发的《高等学校人工智能创新行动计划》文件中，明确提出要推进"新工科"建设，加强人工智能和计算机、数学、法学、物理学、统计学、社会学、心理学、生物学等学科专业教育的交叉融合。

在跨界颠覆成为常态的背景下，教育机构应该培养多元化人才和复合型人才，而不是清一色的标准化人才。在人工智能、虚拟现实等技术构建的模拟真实问题研究项目中，学生的计算思维、创新能力、元认识能力等将得到有效提升。与此同时，教育机构还可以基于数据分析结果充分发挥学生优势学科，培养多元化人才。

◆ **协同化**

人机协同发展是应用人工智能促进教育行业发展的重要途径。在学习科学范畴中，学习是一种学习者充分利用其掌握的现有知识来理解并构建新知识的过程。目前，人工智能在理解新知识方面存在一定短板。为了解决这一问题，让教师参与其中是很有必要的，因此，人机协同将会成为智能学习场景的一大重要特征。

### 智能导师：实现自动辅助教学

智能导师系统（Intelligent Tutoring System，简称"ITS"）可以看作一种高级形态的计算机辅助教学应用，它模拟了人类教师的一对一教学过程，实现自动化、智能化教学。智能导师系统通常采用"三角模型"设计。

（1）领域模型。也被称为专家知识，是学习领域基本概念、规则、问题解决策略的汇总，表现形式包括框架、本体、层次结构、语义框架、产生式规则，主要功能是进行知识计算与推理，对应智能教育教学三要素中的计算机程序化实现，是智能教育的重要基础。

（2）导师模型。该模型能够针对学习者特性，为之定制设计科学合理的学习活动与教学策略，对应着智能教育教学三要素中的教师。该模型为领域模型和学习者模型搭建了沟通桥梁，可以满足学生的个性化学习需求。

（3）学习者模型。该模型反映了学习者认知风格、能力水平、兴趣爱好、实时情绪等，为学习者描绘了立体化的用户画像，对应着智能教育教学三要素中的学生。该模型可以帮助学生制定更为科学合理的学习策略，为学生推荐个性化的学习内容、学习伙伴、学习路径等优质资源。

美国国防高级研究计划局（Defense Advanced Research Projects Agency，简称"DARPA"）和第三方企业合作，开发了一套基于人工智能技术的数字导师系统，能够对专家和新手之间的交互进行模拟，提高学习者的知识与技能。此前，专家对海军新兵训练通常需要几年的时间，而应用该系统后，有望将这一时间从几年降低至几个月。

情感、动机、元认知研究受到了教育从业者的高度重视。心理学、教育学、神经科学等多个领域的大量研究案例证明了情感、动机、元认知对学生学习效果的重大影响。以情感为例，学生学习态度与效率受情感的直接影响，当学生处于消极情感状态时，思考过程会受到较大阻碍；当学生处于积极情感状态时，更容易从新视角找到问题的解决方案。

在早期的智能导师系统中，情感缺失是一大痛点，对学生学习的帮助是相对有限的。随着人工智能技术的逐步发展，这一问题有望得到有效解决。未来，相对成熟的智能导师系统可以在与学生交互过程中对学生情感动态感知、识别与预测，从而让智能导师系统情感和学生情感相匹配，提高学生学习积极性。

智能导师系统的情感推理/识别过程是通过对学生面部表情、语气、声音、动作等各类数据进行分析，然后应用相关科学模型，在人工智能技术与工具的支持下，融入心理学、认知科学等知识进行情感推理与计算。当发现学生情绪不佳时，可以通过模拟人与人的对话来帮助学生调节情绪。

智能教师系统模仿教师一对一教学过程时，需要应用个性化资源推荐算法模型及适应性教学策略，而个性化资源推荐算法模型是建立在科学合理的适应性教学策略基础之上的。

适应性教学策略所强调的适应性包括：适应学生知识水平、具体表现，以便采用合适的应答方式，帮助学生更好地实现学习目标；适应学生情感状态，进行合理的情感调节；适应学生元认知能力，提高其学习效率等。

现有智能教师系统还无法完全模拟人类教师根据多年教学经验制定教学决策的过程。但在大数据、云计算等技术的支持下，数据驱动的智能决策体系将会逐步完善。届时，智能教师系统不但可以模拟教师教学决策过程，还能对该过程进行优化完善，及时引入全新的教学策略、方式方法，避免经验主义。

### 智能评测：数据优化教学决策

在教学活动中，评价扮演着十分关键的角色，自动化测评系统的研究与应用，将会对教育教学评价形式与方法带来深远影响。自动化测评系统可以降低教师工作负担，实现实时反馈，提供高效、可观、一致、高可用性的测评结果，为教学决策提供重要依据。

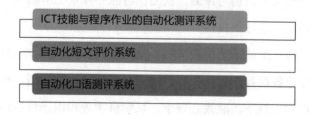

图 5-2　基于 AI 技术的智能评测

#### ◆ICT 技能与程序作业的自动化测评系统

在计算机教育中，ICT（信息与通信技术）技能培训和程序设计是一项重要工作。ICT 技能是移动互联网时代大众必备的一项基本素养，比如收发邮件、制作演示文稿、处理电子表格数据等都是日常生活与工作中应用频率较高的技能。在 ICT 技能培训和设计过程中，自动化测评系统将实现对用户操作行为的全程追踪，完成信息获取、知识推理、综合评价等，显著提高学生学习效率。

程序设计可以提高学生的逻辑思维与创新能力，其设计语言遵循一定的语法规则，需要学生上机完成程序作业。自动化测评系统可以进行动态程序测评与静态程序测评。在动态程序测评过程中，自动化测评系统将对编译与运行过程信息进行实时搜集，对程序行为与功能进行深入分析，从程序功能实现、代码简洁性、可读性等多方面综合评价。

在静态程序测评过程中，自动化测评系统首先提取程序代码信息，之后以中间形式对程序进行表示，对程序执行路径和结果进行预测，最终完成对静态程序的综合评价。现阶段，C/C + +、Pascal、Python、汇编语言、脚本语言、数据库查询语言等多种程序设计语言已经实现了自动化测评。

#### ◆ 自动化短文评价系统

短文写作是大部分标准化测试中的一项重要内容，得益于人工智能技术的发展与应用，对短文进行自动化测评成为可能，通过基于机器学习、自然语言处理等人工智能技术打造的自动化短文评价系统，机器可以理解短文语义，评估短文质量。这在提高短文测评效率的同时，还能显著降低测评人力成本。

美国教育考试服务中心（Educational Testing Service，简称"ETS"）

负责组织举办 SAT、GRE、TOEFL 等多种大型标准化考试。近年来，随着人们对教育的重视程度不断提升，再加上赴欧美留学热潮兴起，如何提高测评效率与质量，并降低成本，成为 ETS 面临的一项重要课题。为了解决该问题，ETS 和高校、科技企业、技术解决方案服务商等多家合作伙伴建立合作关系，对测评理论、技术、方法、工具等进行深入研究。目前，ETS 已经将自动化策略应用至短文、语音、数学等诸多领域。

比如 ETS 采用的基于 Web 技术的全自动化工具 TextEvaluator，可以帮助教师、考试内容研究者、教材出版商等教育工作者科学选择教学与测试适用的文本段落，能够有效解决因为不同论述水平、交互式对话风格等造成的测评过程太过复杂的痛点。

E－rater 是 ETS 推出的专门对学生作文进行自动化测评的有效工具。基于预设评价标准，E－rater 可以对短文进行高效测评，并指出其中的不足，测评结果不但包括整体得分，还包括语法、组织结构、写作风格等诸多指标，可以逐步提高学生写作技巧。

◆ 自动化口语测评系统

在对口语进行自动化测评的过程中，往往要涉及多种语言口语语音识别，建立完善的声学模型和语言学模型尤为关键。ETS 采用的 SpeechRater 引擎在英语口语自动化测评方面具有十分良好的实践效果。SpeechRater 引擎测评范围和对象没有限制，具有极强的开放性，它可以帮助英语学习者提高发音可靠性、语法熟练度及交际流畅性，对母语非英语的学习者尤为适用。

SpeechRater 引擎通过自动语音识别系统对响应进行处理并输出相应信息，然后通过语音处理与自然语言处理算法得到涵盖发音、韵律、流畅性、词汇运用、语法复杂性等多个指标在内的一组语音特征，然后将其应用到英语口语测评任务中，给出测评结果的同时，提出建设性反馈。

英语作为一门全球性语言，受到了我国政府、高校、培训机构的重视，由于大部分学生日常生活与工作中缺乏英语语言环境，给英语口语教学与学习带来了诸多困扰，同时，口语评价缺乏统一标准、时效性较差等，使该问题进一步加剧。而人工智能技术在英语口语自动化测评中的应用为解决这一问题提供了有效途径。

科大讯飞充分发挥其在语音识别、自然语言处理等技术方面的优势，开发了英语听说智能考试与教学系统、智能测试系统、大学英语四六级口语考试系统等多种英语口语自动化测评系统，能够满足多种场景的英语口语学习与自动化测评需要。此外，目前，我国普通话推广普及已经取得了初步成果，这很大程度上得益于国家普通话智能测试系统和普通化模拟测试与学习系统的广泛应用。

### 智能游戏：培养学生思维能力

游戏智能是人工智能研究的一个重要方向，基于深度学习技术的AlphaGo 大比分击败世界围棋冠军李世石一度在朋友圈内持续刷屏，让很多人惊叹于人工智能的强大智慧。从教育视角来看，合适的游戏不但能够带给玩家快乐，更能让其学习新知识与技能。

从诸多实践案例来看，教育游戏通常存在特定的、积极的目标，难度级别可以根据玩家实际情况自我调节，有一套成熟完善的评分系统。当然，为了增加娱乐性与趣味性，教育游戏可能会存在随机的惊喜元素、较强的带入感、诱人的幻想等。

教育游戏具备较强开放性的游戏框架和环境，让玩家能够从一种全新的视角来观察并认识世界。在体验教育游戏过程中，玩家要对游戏设定有全面认识，能够充分结合自身掌握的知识与技能，灵活运用游戏工具解决各种问题。比如，在角色扮演题材的生存类游戏中，玩家想要在恶劣的环境中生存下来，必须对所处空间环境进行深入研究，这会严格考验玩家的耐心、专注性、专业知识、逻辑思考等。

芝加哥科学与工业博物馆网站为青少年游客设计了一款生存类游戏，该游戏涉及了极端条件下人体主要身体系统发生的各种变化，玩家需要通过鼠标和手写笔撰写生存搜索机器人程序等，来克服各种困难。在这个过程中，玩家对人体结构有了深入认识。

教育机器人在教学活动中得到了广泛应用，它能够有效提高学生的计算思维能力。引进教育机器人成为学校完善数字化学习环境的重要内容，未来，教育机构将充分利用教育机器人培养学生高层次思维能力，提高学生学习积极性，帮助学生更好地理解抽象概念，并解决一系列的复杂问题。

教育机器人本身是一门交叉性学科，其发展和应用可以让学生更好地理解科学知识，在科学、技术、工程、数学教育（STEM）中有着十分积极的影响。

教育机器人能够让教师在 STEM 教学活动中更好地应用工程与技术理论，将抽象的科学和数学概念进行具体化，提高学生学习兴趣。教育机器人凭借其教学灵活性优势在多种教育场景中具有广阔应用前景，有力推动了 STEM 教学活动的优化改善。此外，应用教育机器人开展教学活动，有助于培养学生的发散性、批判性思维，帮助其树立团队合作精神，增强学生的沟通与表达能力。

## 人工智能教育的未来发展趋势

在掌握人工智能在教育领域应用典型特征的情况下，可以为我国发展人工智能教育明确目标与方向。但想要赢得未来，利用人工智能技术带来的重大机遇实现中国教育弯道超车，必须把握人工智能教育未来发展趋势：

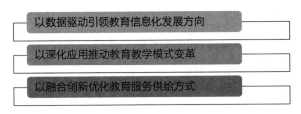

图 5 - 3　人工智能教育的未来发展趋势

### ◆以数据驱动引领教育信息化发展方向

随着人工智能在教育领域渗透程度日渐加深，为信息技术和教育融合创新发展提供了巨大推力。在人工智能教育发展初期，机器的智能是被专家通过预设规则赋予的。如今，机器智能则是机器通过语音识别、图像识别、自然语言处理等技术主动学习。除了算法模型的突破式发展外，大数据技术的快速发展，为算法训练提供海量数据支持，使人工智能发展迈向新台阶。

大数据时代的人工智能能够从海量数据中发掘知识与规律，并据此做出智能决策，数据驱动与认知计算成为其核心方法。人工智能时代，数据将成为石油一般的重要战略资源，基于产业大数据实现智能决策与服务成为各国政府、研究机构、科技企业研究的重点方向。以数据为驱动，体现了教育研究从传统的经验主义转变为数据主义、实证主义。这对于提高教育信息化水平，发展现代化教育具有十分重要的价值。

### ◆以深化应用推动教育教学模式变革

人工智能教育的可持续发展，离不开技术提供的强有力支持。人工智能在教育领域的应用往往和特定的场景相结合，有明确的应用目标，针对教育教学、管理、考核等工作的特定问题提供解决方案。这种深层次应用显著提高了人工智能教育的价值创造能力，能够吸引大量创业者及资本方。

以自动化口语测评为例，自动化口语测评系统面向特定的语言语音对象，利用语音识别与语音测评技术，对其口语水平进行自动化考核。人工智能可以为学习者建立泛在、具有较强感知能力与交互性的智慧学习环境，为教师创新教学模式、学生获取丰富多元的教学服务提供了优良平台。

### ◆以融合创新优化教育服务供给方式

人工智能教育打破了学科、领域及媒体的边界，通过融合创新增强教育服务供给，为学习者创造更多的价值。人工智能和数学、心理学、神经科学、认知科学等学科的交叉融合，为人工智能教育技术与应用发展提供了巨大推力。与此同时，推进人工智能教育与培训行业发展，是人工智能不断走向成熟的必由之路。而人工智能教育与培训发展需要大力发展新工科、STEM 学科等复合型的新兴学科。

人工智能和教育互惠互利，实现协同发展。人工智能应用涉及了多个领域的知识与技能，为其在各行业的广泛应用奠定了坚实基础。

人工智能可以实现跨媒体感知计算，在场景感知、智能感知、视听觉感知、多媒体自主学习等理论与技术指导下，进行模式多元、动态变化的分布式大场景感知；人工智能教育打破了传统教育模式与方式方法限制，对教学内容设计、教学环境搭建、知识传播路径等诸多环节进行改造升级，实现随时随地的跨平台、跨终端教育服务供给，为建设泛在学习、终身学习的学习型社会提供了有效解决方案。

深度学习、语音识别、自然语言处理等人工智能技术的快速发展，再加上大数据、云计算、AR/VR 等技术的崛起，为人工智能在教育领域应用日趋多元化带来了巨大推力，使教学服务更为智能化、便利化，充满体验感、沉浸感。为了更好地推进人工智能与教育的融合创新发展，地方政府、教育机构、互联网教育企业等需要在服务监控与治理方面为其提供必要支持，积极响应国家政策，遵循应用驱动的发展理念，开展广泛的理论研究与技术研发。

人工智能教育能够有效加快教育信息化建设进程，但由于人工智能教育发展时间较短，仍存在一系列亟须解决的重点问题。比如，利用教育大数据对人工智能算法模型进行训练时，很容易出现数据滥用与个人隐私泄露问题；新技术在教学、管理与考核活动中的应用，应该有配套的制度与政策，但目前国内这一方面的制度与政策存在较大空白；人工智能教育可能会造成"数字鸿沟"，违背教育公平；人工智能存在一定的伦理与道德问题等。

机遇向来与挑战并存，在人工智能教育迅猛发展的今天，政府需要在顶层设计层面为中国教育发展指明方向，做好路径规划，提供制度与环境保障，引导教育机构及教育工作者积极做出有效调整，实现人工智能教育的安全、健康、可持续发展，促使我国从教育大国转变为教育强国。

# 5.2 人工智能开启教育信息化2.0时代

## 人工智能时代的教育信息化2.0

《教育信息化"十三五"规划》中明确指出借助大数据、云计算等技术分析学生日常学习数据，对教育教学模式进行优化完善，提高教育质量。教育资源紧缺、分配不均衡、教学缺乏精准性、学生个性学习需求得不到满足等诸多问题，必须通过人工智能等技术予以解决，这一点已经成为国内国际共识。

2016年10月，美国联邦政府推出了《美国国家人工智能研究与发展策略规划》，明确提出要利用人工智能技术推进个性化学习、对学生学习进行自动辅导。同年12月，英国政府推出了《人工智能：未来决策制定的机遇与影响》，充分肯定了人工智能对教育行业发展的重要价值，并将人工智能推进教育发展纳入国家数字战略。

2017年7月，我国国务院发布《新一代人工智能发展规划》，明确提出要发展智能教育，应用智能技术对教学方式方法及人才培养模式进行改革创新，打造全新的教育体系。智能化既是推进教育信息化建设的重要驱动力量，也是现代化教育的重要特征。

2018 年 4 月，中国教育部发布《教育信息化 2.0 行动计划》，为教育信息化转型提供了方向、路径。在该计划中，"智能"一词出现的频率高达 36 次，和"新"相关的词汇则出现了 27 次，充分体现了教育信息化对智能与创新提出了更高的要求。

促进人工智能在教育领域的发展应用，打造数字化、网络化、智能化、个性化的教育体系，对促进教育公平、提高教育水平与质量具有十分重要的价值，是我国发展现代教育的必然选择。

新一代信息技术的发展，为发展现代教育奠定了坚实基础，移动互联网、大数据、人工智能在通信、媒体、制造等领域的应用已经充分展现出了该技术的强大颠覆性，其在教育领域的应用也值得我们高度期待。尤其是深度学习、人机协同、自然语言处理等人工智能技术和教育研究、教学实践、教育管理等有较高的契合性，具有十分广阔的应用前景。

目前，"互联网 +"思想逐渐渗透到教育领域中。与此同时，大数据、云计算、人工智能的应用也对该领域产生了越来越深刻的影响，为智慧校园的建设与发展提供了技术支撑，并以现代化的业务治理代替了传统模式下的业务管理。

不仅如此，教学方面还推出了自动化教学测评、智能教学系统、智能教育助理系统等。这些技术系统具备情绪感知功能，能够改革传统的学习方式，促进适应性学习、个性化学习的发展。

调研结果显示，相较于传统教学方式，应用人工智能技术的现代化教学方式具有明显优势。整体来看，得益于新一代信息技术的发展与应用，教育行业发展的智能化水平正逐步提高，我国正在迎来教育信息化 2.0 时代。

在教育行业发展过程中，我们需要正确处理人才培养与技术应用之间的关系，以及不同时期、不同类型的教育业务之间的关系，使教育发展与社会需求保持一致。为此，应该立足于生态学层面对教育信息化2.0的发展形态进行科学有效分析。

从教育形态角度分析，在人工智能时代下，教育信息化2.0作为信息化社会系统的重要组成部分，将为教育系统的稳定发展做出突出贡献，促进全民学习、终身学习。这具体体现在两个方面：作为整个社会生态系统的组成部分，与传统教育系统相比，教育信息化2.0能够为社会经济的发展创造更多价值；此外，教育信息化2.0本身也是一个完善的系统，受"互联网＋"影响及信息技术驱动，教育信息化2.0系统内部各个环节之间将发挥协同效应，促进系统整体的平衡发展。

## 教育信息化2.0时代的生态构建

立足于社会发展的层面来分析，教育系统是社会生态系统的组成部分。无论是在早期的工业化生产时代，还是此后的信息时代，抑或现在的人工智能时代，教育系统都发挥着不可取代的关键作用。

由此可见，建设与发展教育信息化2.0，除了能够创新教育方式、改善教育资源环境之外，还能为社会系统的发展做出积极贡献，在完善教育系统的同时，使社会系统也更加成熟、完善。

### ◆服务国家战略实施和社会经济发展

教育信息化2.0的发展处于人工智能时代的大背景下，具有鲜明的数据化、智能化等技术特征。教育信息化2.0能在社会经济发展乃至国家战略实施过程中发挥重要的推动作用：

（1）从国家战略层面来分析，首先，教育信息化2.0能够发挥先进的制度机制、技术设备优势，是智慧城市生态系统建设的重要组成部分；其次，教育信息化 2.0 能够提高社会资源利用率，促进"一带一路"倡议、"中国制造 2025"等国家战略的实施，为社会输出专业、优秀的人才，增强产业国际竞争力，提高我国在国际社会中的地位。

（2）从社会经济发展层面来分析，教育信息化 2.0 的发展，使教育信息化的运作更符合市场需求，加速互联网与教育的融合发展，以及人工智能与教育产业的融合发展，逐步提高教育行业发展的智慧化水平。

#### ◆ 实现教育系统自身的现代化治理

教育信息化 2.0 的建设与发展离不开教育治理，教育系统的平稳运行及发展也离不开教育治理。实践结果表明，在"互联网＋"思维的影响下，教育信息化 2.0 依托大数据、物联网等先进技术手段，有效提高了教育行业治理能力，并进一步完善了教育治理体系的结构框架。

（1）大数据技术在教育行业中的应用，能够优化该行业的顶层设计，为教育决策的制定及相关评估工作提供参考依据，提高决策的准确度与科学性，促进智慧教育系统中各部分的正常运行，从宏观角度促进整个教育信息化 2.0 生态的发展。

（2）在应用人工智能与物联网技术的过程中，教育行业将获取更多的数据资源，并加速资源流动，形成完整的闭环系统；推进扁平化教育管理模式实施，确立不同部门、不同环节承担的工作任务，显著提高人力资源利用效率。

#### ◆ 构建人工智能时代的全新教育制度

教育信息化 2.0 的发展将使国内教育体系呈现出全新的特征，推进教育制度创新，使中国教育满足新时代的发展需求。

（1）在教育体系方面，基于人工智能技术，现代化的终身教育将代替传统的学校教育，教育阶段及教育形式将逐渐突破时空因素的束缚，让更多人从教育中受益，使泛在性教育越来越普遍。

（2）借助于大数据技术，综合性评估与伴随式评价将被广泛应用于教育行业中，从而使教育机构能够对不同学习者的潜力与优势进行个性化分析，促使学习者积极参与到知识生产与传播过程中。

（3）进一步优化完善教育体制机制。具体表现在，发挥供需机制的调节作用，使教育系统更好地融入整个社会系统中；促使教育部门根据教育信息化2.0业务的发展需求，推出相应的制度体系；建立并完善教育信息化2.0发展过程中涉及的道德伦理机制，比如人工智能伦理、数据使用规范等。

## 教育信息化2.0的生态结构特征

着眼于教育系统内部来分析，教育信息化2.0生态结构由成人教育、企业教育、学前教育、基础教育、场馆教育、社区教育、高等教育、职业教育共同构成，技术环境、教育治理、制度机制形成外环，资源服务、学习活动、教学活动、评价评估、教育管理、科学研究形成内环。该生态结构呈现出如下几个方面的特征：

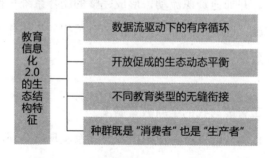

图5-4　教育信息化2.0的生态结构特征

◆**数据流驱动下的有序循环**

新一代信息技术为教育信息化 2.0 的建立与发展提供了有效支撑，比如教育大数据的发展将有力促进教育生态系统实现完整循环，持续推动整体生态系统的优化发展。教育信息化 2.0 生态系统的循环体系包括三大板块。

（1）由智慧环境、教育治理、制度机制形成的外环。利用大数据、人工智能、云计算、智能感知等技术打造的信息化环境，能够从宏观、微观不同层面对教育数据进行挖掘与处理。教育数据流的应用带动了教育工作流的创新，明确了不同教育部门的角色担当，为教育决策的制定提供了精准的数据参考。与此同时，教育制度的发展与完善，也为教育治理工作提供了良好的环境条件，减少了管理人员工作过程中的阻力。

（2）由资源服务、学习活动、教学活动、评价评估、教育管理、科学研究形成的内环。在智慧环境的支持下，各个运营环节产生的教育数据能够迅速反馈到系统中，优化系统的整体运行。举例来说，来源于教学活动的数据能够为教育研究、资源服务提供有效参考，促进教学活动的进一步发展。

（3）基于教育数据信息，内环与外环之间建立的循环体系。在数据、机制、服务等方面的交互过程中，内环与外环之间相互作用，不断自我完善，并形成一种动态平衡状态。

毋庸置疑的是，内环、外环、内外环的联通及完整循环，有效促进并保障了教育系统内部的正常运行。

◆**开放促成的生态动态平衡**

在运营过程中，教育信息化 2.0 生态体系不仅要向社会生态系统适度开放，与其他系统之间相互促进、共同发展，更要在生态系统内部强化不同环节之间的交流与合作关系，进而达到动态平衡状态。

（1）提高技术开放程度。教育大数据的高效流通以及智慧教育环境，在教育信息化2.0建设及发展过程中发挥着重要作用。教育信息化2.0要从两方面来提高技术开放程度：一是提供系统平台和技术设备的接口，建立统一的接口标准，实现不同环节之间的自由连接，为各项资源服务的结合提供有效的支持；二是根据发展需求，适度提高教育数据的开放程度，为智慧2.0生态体系的建设提供数据资源支撑。

（2）提高教育理念的开放程度。首先，在教育教学实践活动中，教育机构要敢于突破传统教育理念的束缚，采用更加灵活、多样的教育和学习方式，注重对人才的培养；其次，在教育机制和治理工作中，要对外公开治理工作进展及相关情况，通过更为开放的体制机制，促进智慧教育发展，充分发挥教育生态自身的控制能力。

◆不同教育类型的无缝衔接

要促进教育生态体系的完善，就要实现各个类型、各个时期的教育之间的联通，具体包括如下几点。

（1）将包括学前教育、基础教育、高等教育、职业教育在内的学校教育打通。在建设教育信息化2.0生态系统的过程中，要将学生在各个时期的相关教育数据深度整合，具体如学习成绩、实验成果、学习兴趣、认知模式等，从而建立学生个人教育档案，打通各个时期的教育，提高教育服务的针对性，并将不同时期的教育连接起来，为教育机构开展教育教学活动、就业指导活动等提供资源支持。

（2）打通校外环境中的非正规教育。具体教育形式包括在社区、博物馆、美术馆等场所产生的教育活动，通过使用智能感知工具、物联网技术及其他先进的技术手段，促进非正规教育的内容及相关信息、知识等广泛传播，打通不同场景下的非正规学习。

（3）将公民一生中参与过的学校教育、企业教育、成人教育等各种正规教育和非正规教育打通，扩大终身教育的服务范围，促使公民积极参与到社会发展中，推动教育信息化 2.0 战略的实施，从整体上提高整个社会的教育质量与教育水平。

◆ 种群既是"消费者"也是"生产者"

在传统教育体系下，种群以"消费者"为主。而教育信息化 2.0 生态体系中的种群，不仅是"消费者"，也是"生产者"。

（1）教育用户种群，包括教师、管理员、学生等。在教育信息化 2.0 时代下，教育行业推出面向用户群体的多样化系统平台与软件工具，方便用户通过这些平台与工具获取丰富的教育数据，并有效促进了不同领域之间的教育合作，为教育用户进行内容生产与创作提供了更多支持，能够满足日益增长的教育需求。此外，教育信息化 2.0 致力于使更多的学习者兼具"消费者"与"生产者"的角色，鼓励学习者在汲取知识的同时，也能够输出优质的内容，并与更多用户进行分享、交流。

（2）教育资源智能化生产种群，以应用人工智能技术的系统与设备为主。近年来，包括神经网络、机器学习算法等在内的人工智能技术都呈现迅速发展姿态，机器具备了自主学习能力，能够利用智能技术推出新的教育产品，并以种群的形式存在于教育领域中。举例来说，有些人工智能产品能够对现有游戏的运行逻辑进行分析，并据此推出新的游戏产品。可以预见的是，随着教育信息化 2.0 生态的建设与发展，教育资源种群在作为消费者的同时，也将参与到内容创作过程中，成为资源生产者，为教育行业的发展做出更大的贡献。

# 5.3 基于 AI 技术的教育信息化 2.0 建设

## 智能学习：构建智慧教育环境

发展智能教育需要打造基于新技术的智能环境。《教育信息化 2.0 行动计划》文件中明确指出要建立泛在、灵活、智能的教育教学新环境。可以说，打造智能环境将是推进教育信息化的一项重要工作。而物联网、大数据、云计算、人工智能、虚拟现实等技术使智能环境打造具备了广阔的想象空间，其对创新教学、管理、评价等具有十分积极的影响。

智能化技术可以促进教育教学实践提质增效，为学生学习、教师教学、教育机构监督管理等提供大量帮助。服务于现代化教育的智能学习环境是以学习者为中心，根据学习者实际情况与个性化学习需求，提供定制教育服务，为广大民众的日常学习乃至终身学习提供诸多便利。

建设智能教育环境，要从宏观与微观两个层面稳步推进。宏观层面要坚持打造新型教育体系，构建以学习者为中心的教育环境。

在微观层面，要大力推进智能校园建设，从数字校园转变至智能校园，再转变至智慧校园；建立立体化的综合教学场所，实现虚拟与现实相结合、线上与线下一体化，为学生个性化学习与教师智能教学提供有力支持；开发基于大数据、人工智能等新技术的开放学习教育平台，通过教学过程数据分析，对教学内容及方式方法进行优化；开发智能教育教学助理产品（比如智能导师、教育机器人、学习伙伴等），完善教育分析系统，降低教师工作负担，提高学生学习积极性。

信息与通信技术的快速发展，以及移动智能终端的推广普及，为发展打破时间、空间限制的智能学习奠定了坚实基础。技术更新迭代愈发频繁，这种背景下，我国在建设智能学习平台过程中，要做到与时俱进，注重引进新技术、新模式、新理念；以培养高素质人才为目标，借助国家精品在线开放课程、示范性虚拟仿真实验教学项目等；扩大智能教学资源投入，加快完善智能教室、智能实验室、虚拟工厂等各类智能学习空间；借助区块链、大数据、人工智能等技术实现智能学习过程记录，学习效果自动化监测、评价、认证等，最终打造出泛在、智能的综合学习体系。

### 智能应用：重构传统教育生态

我国政府在多个文件中要求发展智能教育，比如，《教育信息化 2.0 行动计划》明确提出了要发展智能教育，《新一代人工智能发展规划》则要求充分利用人工智能技术发展智能教育，《高等学校人工智能创新行动计划》中也有类似要求等。整体来看，人工智能在国内教育领域的应用尚处于初级阶段，智能教育逻辑与内涵，发展战略、体系规划、落地路径等还需要进一步研究与探索。

经济全球化背景下，面对更为激烈复杂的国际竞争，中国教育必须主动变革，充分利用人工智能等新技术赋能教育行业，引进新思维、新模式、新理念，在基础设施较为完善的地区、高校进行智能教育创新研究与应用，为智能教育在全国范围内的推广普及积累经验。

与此同时，中国教育需要探索更为多元化的智能教育应用场景，积极引导学校教育教学创新变革；完善智能教学环境，稳定有序地建设数字校园、智能校园、智慧校园，优化教育教学流程；利用人工智能、大数据、云计算等技术对教学过程、教学质量、学生学业状况等进行监测与评估，为教师个性化教学提供数据支持。

探索全新的学校治理模式，鼓励教育机构应用人工智能技术开展组织结构及管理体制创新变革，建立更为高效低成本的运行机制，推进校园管理精细化、个性化、智能化，使学校治理水平迈向新台阶。引导在线开放学习平台树立以学习者为中心的发展理念，培养用户终身学习习惯，为用户提供丰富完善的个性化学习资源，强化教育服务供给能力，培养更多的优秀人才。

加快完善智能教育发展顶层设计及标准规范研究制定，探索适合中国教育的智能教育落地路径，构建智能化教育云平台，帮助区域与学校引进人工智能、大数据等技术，建立互联互通的智能教育信息化系统，共享数据、人才等优质资源，发掘更为丰富多元的智能教育应用场景。

从人工智能在交通、物流等领域的应用实践来看，推出智能教育创新应用试点城市、试点学校项目，对加快智能教育发展具有十分重要的价值。这能让中国教育以较低的试错成本找到发展智能教育的新模式、新方法、新路径，为智能教育的持续稳定发展提供巨大推力。

## 智能人才：强化人工智能教育

目前，中国教育部正在加快研究制定《中国教育现代化2035》，而教育信息化是其中的一项重要内容，是未来中国教育改革的重点。而人工智能技术在教育领域的应用，将为教育信息化发展提供强有力支持。

推进教育信息化迫切需要更为高级的智能技术。在教育信息化 1.0 时代，通过"三通两平台"（宽带网络校校通、优质资源班班通、网络学习空间人人通，建设教育资源公共服务平台和教育管理公共服务平台）建设，我国教育信息化取得初步成功，互联网及多媒体教室在全国中小学校基本实现全面普及，超过 6000 万师生参与了互联网教育落地实践。

人才培养是建设及发展智慧教育的目标之一。在教育信息化 1.0 时代下，业内定义的智慧型人才，需具备多元化的新时代技能，拥有现代化思维能力。教育信息化 2.0 时代对智慧人才提出的新的要求，具体包括以下几个方面：

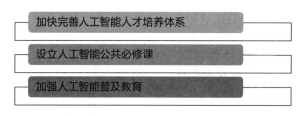

图 5-5　教育信息化 2.0 时代对智慧人才培养的要求

### ◆加快完善人工智能人才培养体系

在人工智能时代下，教育机构需要鼓励创新型人才运用人工智能工具实施社会化生产，提高其知识生产能力，使他们不再只是传统模式下的消费者，还要是知识的输出者、分享者。发展智能教育既需要理论研究方面的学术型人才，也需要落地执行层面的应用型人才，更需要同时掌握多门知识与技能的复合型人才。

为此，必须做好人工智能人才培养顶层设计，引导高校等教育机构结合人才培养需要及自身特色设置人工智能专业，编写更为系统、专业，更具时效性的教材，并和开展人工智能项目的企业、科研机构合作，让学习者在实践项目中动手实践。

#### ◆设立人工智能公共必修课

《高等学校人工智能创新行动计划》中明确提出，到2020年时，我国将建立50家人工智能学院或研究机构，设立100个"人工智能＋X"复合特色专业。这对人工智能人才培养的积极影响是显而易见的。

（1）提高教师智能教育水平，积极响应教育部发起的"人工智能＋教师队伍建设行动"，引导教师革新思维模式、从教育教学主导者转变为学习者的服务者、学习伙伴。

（2）研究设立基础教育阶段"教师人工智能应用能力提升工程""师范生人工智能应用能力提升工程"，在教师与师范生培训课程中加入精准化教学、个性化教学等智能教育相关内容，提高其智能教育教学能力。

#### ◆加强人工智能普及性教育

（1）加强人工智能普及性教育，为人工智能人才培养提供优良的社会环境，整合科研机构、教育机构、高科技企业、人工智能开放平台等方面的优质资源，打造面向大众的开放性人工智能科普公共服务平台。

（2）培养人才的计算思维，使其树立终身学习意识。在分析社会发展需求、职位需求的基础上，实现智能化教育资源的优化配置，为学习者提供丰富的资源支持。

（3）在中小学阶段也应该开设人工智能课程，以培养学生兴趣、动手能力为主，为其接受更高层次的人工智能教育奠定坚实基础。与此同时，建设人工智能实验室，让学生将理论和实践相结合，提高其创新能力，培养更多的应用型人才，促进科研成果转化，为我国经济发展增添新动能。

# 6

# AI+医疗：开启智能化精准医疗新时代

# 6.1　人工智能在医疗领域的应用进阶

## 人工智能医疗的市场规模与趋势

2016年，谷歌发布 AI First（人工智能先行）战略，并先后推出 Android P、Duplex 技术。AI First 战略是基于大数据挖掘和支撑的关键技术，建成基于医疗大数据的人工智能应用服务平台，利用深度学习算法，而推出的面向病人、医生及医疗机构的人工智能服务项目。目前，市场中的人工智能产品愈发多元化，包括手机人脸识别、Amazon Echo 智能音箱、虚拟助理 Cortana 等。

以往，人工智能技术的发展仅停留在实验室阶段。目前，人工智能则以通用技术的方式得以落实。"互联网＋"使许多传统行业迈向了数据化、信息化转型之路，从而给人工智能应用创造了良好的基础环境。

人工智能在传统行业中的应用范围越来越广。在金融行业，金融时报称，花旗银行将采用人工智能算法代替部分科技与业务人员的工作；平安银行积极引进人工智能技术，并结合大数据技术的应用，在客户画像、精准营销、客户信用评价、风险监控、智能投顾、智能客服等应用领域展开了积极探索。旅游行业中的人工智能应用也取得了显著的成就，携程采用人工智能技术为消费者提供智能客服服务，以先进的技术手段代替人工客服，实现了人工智能在酒店售后场景中的应用。

美颜相机、短视频应用等都采用了图像识别技术，是人工智能的日常化应用。在后续发展过程中，人工智能会对各行业的发展产生深刻的影响。

与金融行业、互联网行业相比，医疗行业的信息化水平较低，人工智能的应用范围相对有限。在生物技术、医疗信息化发展的驱动作用下，医疗数据的规模持续扩大，数据类型也越来越多样，庞大的数据体量促使医疗行业拉开了大数据人工智能的大门。

在新的时代背景下，传统的数据收集、分析技术已经无法满足医疗行业的发展需求，推进医疗大数据发展是必然选择。为促进医疗大数据发展，政府部门推出了一系列支持性政策，投资者也纷纷在该领域进行布局，这将为医疗大数据发展提供广阔的发展空间。

麦肯锡发布的报告显示，预计到 2025 年，人工智能应用市场总值将达到 1270 亿美元，而医疗行业在总体中的比重将达到 20%。近年来，国内人工智能医疗呈现出蓬勃发展趋势。《2018—2023 年中国人工智能行业市场前瞻与投资战略规划分析报告》显示，2016 年中国人工智能医疗的市场规模达到 96.61 亿元，增长 37.9%；2017 年这一数字增长至 130 亿元以上，增长 40.7%；2018 年这一数字增长至 200 亿元。

在投资领域，互联网数据中心（IDC）发布的数据统计表明，2017年世界各国在人工智能和认知计算领域的投资规模为 125 亿美元，增长率高达 60%；预计到 2020 年，这一规模会提高到 460 亿美元。

在大健康领域，前瞻产业研究院预计，到 2020 年我国健康医疗大数据行业市场规模将超过 800 亿元。据《"健康中国 2030"规划纲要》

显示，到 2030 年，我国健康服务业的总规模将达到 16 万亿元，大健康产业在整个国民经济发展中占据着十分重要的地位。目前，我国正形成日益完善的健康医疗大数据规划，并培育出了良好的市场环境，为国内人工智能医疗的发展创造了有利的条件。

### 互联网巨头在 AI 医疗领域的布局

人工智能医疗领域吸引了许多实力雄厚的科技企业的加入。2006 年，IBM 的 Watson 项目投入运营。2014 年，IBM 组建 Watson 事业集团，并于 2015 年建立 Watson Health 项目，为医疗健康行业提供人工智能认知解决方案。Watson 平台利用机器学习算法与自然语言处理技术，对非结构化数据进行分析，发现潜在的数据规律。

此外，Watson 联手某癌症研究机构，获取并分析了许多医学文献、临床数据、病历信息资源等，打造了专业的信息系统，能够为临床医学的决策制定提供有效的参考。目前，该信息系统在糖尿病、肿瘤等疾病的诊断与治疗中发挥着重要的作用，于 2016 年被国内引进，并在多家医院得到应用。Watson 平台的应用拉开了认知型医疗时代的大门，能够在疾病诊断环节体现技术应用的价值，并能够根据癌症患者的具体情况，帮助医生制订针对性的治疗方案。

谷歌与微软也是人工智能医疗领域的积极布局者。谷歌于 2014 年花费 4 亿美元收购人工智能公司 DeepMind，推出知名人工智能平台 AlphaGo，该公司还拥有目前全球应用范围最大的深度学习框架 TensorFlow。在布局医疗行业的过程中，隶属于谷歌的 DeepMind Health 和英国国家医疗服务体系 National Health Service（简称 NHS）达成战略合作，在双方合作期间，NHS 为 DeepMind Health 提供患者的数据资源，供后者研究脑部癌症的诊断方式。

Hanover 是微软公司成立的医疗健康项目，该项目运用人工智能技术开发针对某些疾病的药物及治疗方案。谷歌还推出了 Biomedical Natural Language Processing 项目，该项目借助机器学习算法来提取患者病历与医学文献中的数据价值，并与患者基因研究项目相配合，为疾病诊断及后期治疗方案的制订提供有效的参考。

阿里、腾讯等国内科技企业也积极布局人工智能医疗领域，在垂直领域开展深入的研究与发展，并为此提供资金及资源方面的支持。

阿里巴巴于 2017 年 3 月发布自主机器学习平台 PAI2.0，结合云平台的运营，为阿里健康的发展奠定技术基础。不仅如此，阿里健康还联手浙江、上海等地的多家公立医院，并与专业的医学影像机构进行合作，在医学影像智能诊断方面展开深入研究与实践，为远程医疗诊断提供优质服务。

腾讯通过开展基础研究、投资相关企业、推出新产品等方式进入人工智能领域。2016 年，腾讯建成人工智能实验室 AI lab，致力于研究人工智能技术并开展相关应用。比如，利用大数据技术、人工智能技术进行医疗诊断与疾病治疗；用技术手段优化医疗资源的配置；依托医疗大数据人工智能应用体系，在新药开发、医疗决策制定、临床诊疗、医疗保险等方面发挥作用。

### 计算智能：基因测序与新药开发

未来，人工智能中的计算智能与感知智能将在医疗行业中得到更为普遍的应用，在新药开发、基因检测等方面发挥重要作用；运用智能感知技术的可穿戴设备、医疗智能语音服务等将受到更多用户的追捧；依托感知智能技术的智能诊断、远程医疗等将实现迅速崛起。

利用智能计算和精准分析功能的人工智能，符合医疗行业发展的相关需求，将在医疗领域中的诸多环节得到应用。从生态层面来分析，未来的医疗行业会围绕患者需求开展运营，借助先进技术手段输出更加优质的医疗服务，对接患者的个性化需求，提高患者的满意度。

凭借精准分析与智能计算，人工智能可以解决目前医疗行业发展过程中存在的问题，其应用主要包括：新药开发、智能决策、智能诊断、医疗智能语音、医疗智能视觉、可穿戴健康医疗设备、远程医疗、基因测序、医疗机器人等。

从医疗行业的角度来看，人工智能包括三个进阶：计算智能、感知智能与认知智能，要最大限度地发挥人工智能在医疗行业中的应用价值，就应该将感知智能、计算智能与认知智能结合起来，建立起完善的医疗智能系统。

利用云计算技术，以智能化方式来分析与处理数据资源，即为人工智能中的计算智能。作为人工智能的基础构成，计算智能能够对海量数据资源中的价值进行高效提取，为感知智能与认知智能的实现奠定基础。目前，计算智能在医疗领域中的应用集中体现在基因测序与新药开发方面。

图 6 - 1　计算智能技术在医疗领域的应用

◆ **基因测序**

基因碱基由腺嘌呤（A）、胸腺嘧啶（T）、胞嘧啶（C）与鸟嘌呤（G）构成。而基因测序就是对 A、T、C、G 的排列方式进行研究。利用人工智能中的计算智能，基因测序能够对不同人的基因特性进行准确的定位，从而找到发生病变的基因部位，并进行有效的疾病预防，预测疾病风险，寻找人们日常生活习惯及行为选择与疾病之间的关系，比如人的运动能力对身体健康的影响等。如今，人工智能技术在基因测序方面的应用进入了临床使用阶段，随着技术水平的提高，基因测序将使人类社会发生巨大变革。

### ◆ 新药开发

与大数据分析技术结合，人工智能中的智能计算能够应用于新药开发过程中，为科研人员分析受体与配体之间的影响、药物分子的影响，识别并研究药物靶标等提供帮助，还能在中药研究方面发挥重要作用。

与新药开发相关的数据资源类型多样、体量庞大，且数据更新周期短。在开发新药的过程中，除了要获取足够的数据资源外，还要对这些信息进行深度分析与整合利用，实现对数据资源的价值提取与挖掘，在进行深度数据处理的基础上，从而发现不同数据之间存在的关联，总结出潜在的规律，加快药物研发进程。

### 感知智能：提供智能化医疗服务

医疗研究者在进行信息采集与信息控制的过程中，可以用到人工智能中的感知智能，随着相关技术的发展，感知智能将被越来越多地应用到医疗服务领域中，并通过医疗智能语音、医疗智能视觉、医疗机器人、远程医疗、可穿戴设备来满足用户的需求。

### ◆ 医疗智能语音

运用自然语言理解、语音识别等技术，医疗智能语音能够赋予智能

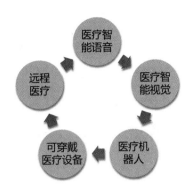

图 6-2 感知智能技术在医疗领域的应用

机器人简单的交流功能，通过与用户进行人机交互为需求者提供信息咨询服务。在对疾病数据进行深度处理的基础上，结合语音识别技术，智能机器人能够为患者提供疾病诊断服务。

为了提供专业化的服务，医疗智能机器人要学习掌握足够多的专业技能与丰富的医疗专业术语，从而在实施智能化疾病诊断的过程中，提高诊断的准确性。

现阶段，建立电子病历是对医疗智能语音应用最多的环节。基于语音识别技术的开发的产品，可以在内科、神经科、血液科等多个科室中实现应用。结合语义校正技术，可以有效提高语音识别准确率。

◆ **医疗智能视觉**

医疗领域对智能视觉技术的应用，主要体现为医疗智能视觉分析。相较于其他领域，医疗领域更看重专业度与精准度。在利用图像识别技术对患者医学成像进行分析时，要保证判定结果的客观性与准确性，就要提高识别的精准度。目前，与专业医生相比，运用智能视觉进行图像识别能够得到更加准确的结果。与此同时，智能化的识别方式还能避免人为操作导致的失误，帮助医生进行高效诊断。

#### ◆ 医疗机器人

医院或医疗机构在进行医疗操作过程中使用的感应机器手臂、机器人就是医疗机器人。医疗机器人包括多种类型，在医疗教学指导、临床医疗、残疾人陪护等领域中发挥着重要作用。Intuitive Surgical 公司开发的达·芬奇手术机器人就属于医疗机器人。医疗机器人能够利用智能化系统完成对手术信息的收集与整理，以高精度的方式进行手术操作。目前，达·芬奇手术机器人已经被应用于多个国家的医院及医疗机构，成功完成了上万例医疗操作项目，促进了医疗机器人的商业化发展。

#### ◆ 可穿戴医疗设备

与其他可穿戴设备不同的是，可穿戴医疗设备更注重获取用户的医疗数据。利用无线传感技术，可穿戴医疗设备能够对用户的身体数据及相关的环境数据进行收集，前者包括用户的心跳频率、呼吸频率、体温、血压等，后者包括温度、湿度等，并将收集到的信息数据上传到云平台。随着无线传感技术的发展，可穿戴医疗设备将具备更多的传感功能，以远程方式实时收集用户的身体健康指数，为医生制订诊疗方案提供有效帮助。

#### ◆ 远程医疗

远程医疗是指医疗机构利用遥感技术、遥控技术、远程监测技术、计算机技术等，通过医疗设备及技术手段实施远程医疗。远程医疗可以有效破解医疗资源配置不均衡问题，降低医疗成本消耗，进行准确的医疗诊断，及时为病人提供优质医疗服务。

医疗机构开展远程医疗过程中，要在运用传感器设备获取海量数据资源的基础上，将其中的有效信息实时提供给医生，帮助医生进行疾病诊断，并根据患者的具体情况制订针对性的诊疗方案。传统远程医疗模式主要以电话、电视监护方式为主。而基于感知智能的远程医疗则可采用语音、图像、视频相结合的方式，实现医疗机构间、医生间、以及医患间的实时交互医疗服务效率与质量将实现大幅度提升。

### 认知智能：实现决策诊断智能化

被赋予认知智能的机器，可以对图像、视频等非结构化数据进行深度分析与处理。简单来说，具备认知智能的机器将拥有人脑的部分功能，不仅如此，机器能够进行持续化的运作而且不会出现失误。认知智能发挥的作用集中于两个环节：其一是整合、处理医疗数据资源；其二是为疾病诊疗提供指导。

图 6 - 3　认知智能技术在医疗领域的应用

◆ **智能决策**

运用智能感知与智能计算技术来制定医疗领域的相关决策，即为医疗智能决策。要想提高决策的精准度，就要做好前期的信息收集工作，同时还要发挥智能计算的优势。从这个角度来说，智能感知与智能计算为智能决策提供了有力的支撑。

与传统的人工决策相比，智能决策能够在数据分析的基础上，高效考量多种因素来制订最佳方案，减少成本消耗的同时，实现效率提升。医疗信息管理与医疗方案制订环节，尤其可以体现智能决策的价值。

◆**智能诊断**

依托智能感知与智能计算技术进行的医疗诊断，即为智能诊断。智能诊断可以对具体的病情进行有效分析，在此基础上给出针对性的治疗方案。与此同时，对方案的相关信息进行清晰的阐述，提高医疗诊断的效率。要实现智能诊断，就要赋予机器智能认知的功能，发挥其深度学习能力，进而提供有效的医疗建议与服务。

IBM Watson 是这方面的典型代表，该服务能够在短时间内"学习"大量医学专业知识，用不到 20 秒的时间完成 248000 篇医学论文、3469本医学专著、106000 份临床报告、69 种医学治疗方案的信息浏览，从教科书、医学期刊等中获取丰富的专业知识，对医疗行业的细分领域进行深度研究。不仅如此，该服务还能模仿人类大脑的功能，对这些分散的知识进行有效的整合应用，为患者提供信息咨询服务和专业的医疗服务。

# 6.2 AI＋医疗：颠覆传统医疗产业生态

## 医疗精准化、个性化、定制化

随着人工智能迅猛发展，传统医疗行业生态链将被彻底颠覆，药物研发方式、医疗诊断方式等都将发生巨大变革。

人工智能使精准化医疗、个性化医疗、定制化医疗成为现实，极大地改善了患者的治疗体验。当然，人工智能对传统医疗行业的颠覆是循序渐进的，其顺序如下。

（1）传统药物生产企业最先受到冲击，精准化、个性化的药物生产有了实现的可能，药物生产周期明显缩短，生产成本大幅度降低。

（2）传统医院也将受到人工智能的强烈冲击。过去，传统医院主要服务于本地居民。如今，借助人工智能，传统医院可以实现移动化、在线化，可远程为其他地区的患者提供医疗服务。

（3）人工智能将改变医生的诊断方式，帮助医生处理复杂烦琐的重复性事务，从而使其集中精力做附加值更高的事务，提升疾病诊断效率与准确率。

（4）患者的治疗体验将得到显著改善，借助人工智能，患者可打破时间与空间限制，随时随地获得精准化、个性化的治疗方案。

更为关键的是，未来，在大数据、云计算的辅助下，通过学习大量的医疗案例，人工智能可做出比医生更准确、更科学的病情诊断与治疗决策。可以预见的是，在疾病诊断领域，人工智能设备将实现更为广泛的应用，它们能够通过深度分析患者资料与病情特征，为患者定制治疗方案，使治疗效果得以大幅提升。

### ◆ 个性化医疗

个性化医疗是一种根据患者的基因组信息，与蛋白质组、代谢组等人体内环境信息相结合，为患者定制治疗方案，在最大程度上提升治疗效果，将治疗方案的副作用降到最低的定制医疗模式。

传统医疗往往根据患者的临床特征，对患者年龄、性别、体重等基本信息及实验室、影像学评估结果进行综合分析，之后确定治疗使用的药物种类和剂量。这种处理方式比较被动，治疗方案没有实现个性化，治疗过程体验不佳，治疗效果相对较差。

相较于传统医疗，个性化医疗的治疗效果与治疗体验都将获得明显提升。个性化医疗可通过精准诊断对某种潜在疾病发病的风险进行预测，为患者提供更有针对性的治疗方案，做到提前预防，及时发现，及早治疗，帮患者节省治疗费用。

### ◆ 精准医疗

本质上，精准医疗是一种利用基因组、蛋白质组等组学技术，针对大样本人群与特定疾病类型进行生物标记物分析、鉴定、验证与应用，找到某种疾病产生的主要原因与治疗靶点，对疾病的状态与过程进行分类，为患者提供个性化的治疗方案，提高疾病诊治与预防效果的医疗模式。

精准医疗能够对患者的基因、生活习惯、生活环境等因素进行综合考量，在此基础上，制订疾病预防与治疗方案。和个性化医疗不同的是，精准医疗更关注疾病的深度特征和药物的高精准性，是建立在对患者、药物、病症的深度认知基础上的高水平的医疗技术。

## 人工智能医疗的主要应用场景

优质医生资源竞争激烈、疾病误诊情况频发、医疗费用居高不下、某些专业的医生培养时间成本过高、医生资源短缺等是医疗行业面临的重大挑战。随着医疗健康数据资源的体量不断增加、数据类型愈发多元，以及人工智能技术的快速发展，人工智能在医疗行业中的应用案例明显增多。

人工智能在多种专业医疗场景中得以应用，医疗从业者也开始有意识地利用人工智能技术改善医疗服务，推动整个行业的发展。在人工智能应用的影响下，医疗行业发生了许多明显的变化，不但获得了更为强大的基础技术支持，更引进了全新的生产方式，有效提高了生产力。

人工智能技术可以大幅度减少误诊、漏诊情况，帮助患者进行自诊，缓解医生资源供不应求难题。医生还能够利用人工智能技术追踪疾病发展状况，及时根据治疗效果调整治疗方案。研究者可利用人工智能技术加快药品研发进程，减少成本消耗。整体来看，人工智能在医疗行业中的应用场景主要包括以下四个方面：

### ◆临床决策支持

利用人工智能技术处理病人的相关信息，并结合临床知识库相关知

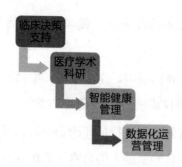

图6－4　人工智能医疗的主要应用场景

识，为医生制定医疗决策提供有效指导，输出高质量的医疗服务，改善当前的医疗水平。

在临床诊疗过程中，利用人工智能技术对医疗数据进行处理，在疾病诊断、疾病治疗、危机事件预警、医疗服务等方面为医生提供诊疗建议，降低误诊情况发生的概率，提高诊疗的准确度。服务提供者能够利用人工智能技术提高服务安全性，避免出现人为医疗事故。

传统模式下，主治医生承担了大部分医疗工作，而通过发挥人工智能技术在临床决策环节中的作用，能够让助理医生与护理人员分担更多的咨询工作，为医生节约更多的时间，有效提高医疗效率。

◆医疗学术科研

在医学研究领域，通过应用大数据、人工智能等技术，可以加快疾病研究、治疗效果检测、生物标记筛查、疾病预后复发分析研究进程。

医疗研究人员可以充分利用医疗大数据，提高临床科研水平。具体体现为，改善疾病诊疗方式，发现新的医学理论、优化临床实验过程等；用专业论文的形式来呈现医疗学术科研成果，推出相关的医疗应用软件；将科研成果转化为实际的临床应用，促进医学研究的持续性发展，并为医疗学术科研机构建立良好的品牌形象。

#### ◆智能健康管理

当前，受限于技术、人力资源短缺等因素，医疗机构在慢性病长期诊治、患者随访等方面的工作仍有较大的提升空间，而人工智能、大数据技术的应用为解决这些问题提供了新的思路。在远程健康管理方面，智能可穿戴设备的应用价值将得到充分体现。利用人工智能与大数据技术，医疗机构能够实时监测患者的健康状况，及早发现病情，提供针对性的诊疗方案，改善整体的医疗管理，为患者提供更优质的医疗服务。

公共卫生服务人员能够利用人工智能与大数据技术，开展健康卫生普及工作，提高人们的身体素质，做好疾病防控工作。

#### ◆数据化运营管理

利用大数据技术，医疗机构能够快速有效地获取医疗过程数据，并实现数据资源的高效利用与流通共享。在此基础上，利用智能识别技术发现运营过程中存在的问题，促进整个医疗体系的完善。此外，应用人工智能技术可以对运营过程进行数字化改造，比如将人工智能技术应用到医疗服务评估、医疗绩效考核环节，补齐运营短板，提高决策的科学性，优化医疗服务体系，提高医疗机构的运营效率，扩大利润空间。

### 颠覆传统医药研发与供应模式

目前，"AI＋医疗"模式在我国仍处于发展初期。随着谷歌等科技巨头逐渐开放人工智能平台，我国"AI＋医疗"底层技术积累不足问题得到了有效解决，各细分领域的"AI＋医疗"创业公司受益无穷。目前，国内很多互联网企业、科技企业都在布局"AI＋医疗"，未来或将诞生大量个性化应用。

生产、经营、销售药物的企业被称为医药制造企业。传统医药企业在制造、经营药物过程中存在很多问题。比如在药品研发方面，传统的药物制造需要进行组织试验，开展样本测试，各项资源消耗极大，而且制造出来的是普适性药物，医疗效果差强人意。据临床测试，这种普适性药物只对少数人有效，对于大部分人来说不仅无效，而且还有可能产生不良反应。人工智能的应用，将使传统医药制造行业发生重大转变。

首先，应用人工智能技术，传统医药研发模式将会被颠覆。人工智能在医疗研发领域的应用受到了广泛关注。医药研发引入人工智能技术之后，研究人员可以利用大数据、云计算对海量数据进行分析，模拟药物治疗效果，精准评估研发成本。与此同时，从微观层面探索疾病治疗的多元化方案，聚焦药物靶标，对受体与配体之间的相互作用进行模拟，对药物分子的作用机制进行分析。根据大数据解读结果，从规模庞大的数据中获取有效药物成分，从而快速提高药物研发进程。

2012年6月成立的美国硅谷公司 Atomwise 利用超级计算机、人工智能等技术对制药过程进行模拟，可以显著降低新药研发成本。比如对820万种化合物进行评估，仅用几天时间便找到了多发性硬化症可能的治疗方案。2015年，Atomwise 宣布其在抗击埃博拉病毒方面取得了一定成果——该公司找到了2种可能能够用于抗击埃博拉病毒的药物，用时仅一周的时间，而且成本还不到1000美元。

和 Atomwise 分析化合物寻找新药物不同的是，波士顿生物医药公司 Berg 通过对生物数据进行分析来研发新药物。Berg 建立了 Interrogative Biology 人工智能平台，该平台可以对人体健康组织、人体分子、细胞自身防御组织、发病原理机制等进行分析，从中找到人体自身分子中潜在的新药物。传统药物研发方式通常是先假设，然后筛选合适的化合物，最终进行治疗；而 Berg 的研发方式则是找到患者发病时的细胞活动途径变化，在此基础上，找到药物治疗方案，与传统方式相比，研发成本明显更低。

其次，在人工智能的作用下，传统医药供应方式将发生重大变革。比如，传统医药供应对象都是通用性药物，未来，药企的医药供应对象将转变为个性化药物。传统的医药供应过于关注人的通性，忽略了人的个性。而引入人工智能之后，医药供应将解决个性问题。人工智能通过对人的性别、基因、体重等信息进行分辨确定人的个性化特征，据此设计出效果最佳的药物，以切实提升药物的治疗效果，减少药物对身体的损害。

## 构建以患者为中心的医疗体验

### ◆实现智能化移动医疗

在传统医院模式下，医院是固定的医疗场所，由聘用的医生为患者提供诊疗服务，患者进入医院要遵循以下流程：挂号—诊断—检测—复诊（确诊）—开药—住院等。在这种模式下，口碑较高的医疗机构经常人满为患，病人看病耗时耗力，治疗体验非常差。

随着人工智能的引入，这种传统的医院模式将彻底颠覆，远程医疗、虚拟医院等医院模式应运而生，患者日益个性化、多元化的医疗服务需求将得到更好的满足。在引入人工智能之后，传统的医院模式将实现从固定端到移动端、从近程到远程的巨大变革。

一方面，随着感知智能不断发展，远程医疗将逐渐落地实现。未来，医疗智能语音、医疗智能视觉将实现大规模商用，智能医疗检测设备可以非常准确地采集患者的病情信息。

相较于医生直接检查来说，这种方法获取的信息更加准确。检测设备获取信息之后，会将信息通过远程通信传递给远处的医生，医生根据这些信息做出病情诊断，给出治疗方案。这样一来，患者无须前往医院就能获得治疗，不仅省时省力，还能享受到更加优质的治疗体验。

另一方面，随着认知智能不断发展，虚拟医院的设想将逐渐实现。在智能医疗决策和智能诊断发展到一定阶段之后，大部分诊断与治疗都可由智能机器在云端完成。云端智能机器通过感知智能与计算智能获取患者信息，将信息通过网络层传递给云端智能诊断机器人，由机器人对患者病情做出精准判断，并为其提供可靠的治疗方案。这种情况下，患者无须再前往固定的医院接受治疗，治疗场所变得更加任意，实现了移动化治疗。

### ◆ 改变传统的医生诊疗方式

传统的医生诊疗是一个漫长的过程，涵盖了病情诊断、病情确认、后期治疗、安排病床等诸多环节，医生在整个过程需要投入大量时间与精力。随着人工智能的引入，这种传统的诊疗方式将发生巨大改变，人工智能可为医生诊疗提供辅助，帮助医生处理一些繁杂的事务，让医生将更多精力投放在更有意义的事情上，提升诊疗效率与效果。

一方面，随着计算智能、感知智能、认知智能不断发展，智能化医疗机器人将成为医生助理，辅助医生对患者的病情进行诊断。在这方面，医疗图像识别可谓是最典型的应用。比如阿里ET医疗大脑，它的图像识别准确度非常高，甚至超过了人工识别。未来，在医疗领域，语音识别、图像识别都将为医生的诊疗工作提供有效辅助。

另一方面，随着智能化医疗机器人的功能不断丰富，该机器人将取代很多医生的工作。随着认知智能快速发展，借助智能诊断，智能医疗机器人将为患者提供一体化服务，包括疾病诊断、病情确认、治疗方案的制订等。这种情况下，医生将会被重新定义，其职能、角色将发生重大转变，拥有全新的身份及工作职责，比如参与医疗规则的制定、对医疗过程进行监督等。

◆提升患者的治疗效果与诊疗体验

在医疗行业生态链中，病人处于核心地位，其医疗服务需求是整个
医疗行业发展的核心驱动力。具体来看，人工智能对医疗行业的颠覆作
用主要体现在两个方面：一是人工智能提升了治疗效果；二是人工智能
改善了患者的诊疗体验。

随着智能医疗不断发展，未来，患者可以在家获取治疗方案。首
先，患者佩戴的智能可穿戴设备能够自动搜集医疗数据，并通过互联网
将医疗信息传送给智能诊断云端或远程医生。然后，由云端机器人或医
生根据这些信息对疾病进行诊断，为患者制订有针对性的治疗方案，以
切实改善患者的治疗体验。

在智能医疗环境下，未来可能会出现如下场景：

某天，小A感觉身体不适，于是通过家中的感知智能设备与医生
取得了联系，小A随身携带的智能感知设备自动获取其身体信息，并
通过互联网将信息传递给医生。之后，医生根据这些信息确定小A的
病况，然后为其制订了药物治疗方案。医生将小A需要的药物信息通
过互联网传递给小A附近的药企，药企根据这个方案为小A配药，然
后通过物流将药物交到小A手中，整个过程用时极短。

随着人工智能不断发展及其在医疗领域的深度应用，这一场景必将
逐渐成为现实。

# 6.3　构建云端一体化的新型医疗模式

## 云医疗：医疗数据存储与挖掘

医疗行业生态链由 6 部分组成，分别是病人、医药企业、医生、随身医疗设备企业、医院、卫生监管部门。在这个生态链中，病人是核心，病人的需求是医疗行业的出发点和落脚点，医院、药企、医生、随身医疗设备企业属于服务部门，致力于满足病人的需求。满足病人对个性化医疗服务的需求，有针对性地为其提供医疗服务，提升治疗效果，改善治疗体验，应该是医疗从业者永恒的追求。

病人是医疗行业生态链的核心，是推动医疗行业发展的根本动力。所有人都是潜在病人，都会涉及医疗的某个或多个环节，比如疾病治疗、康复理疗、疾病预防等。由此可见，医疗行业生态链有着广阔的发展空间。

自然环境恶化（空气污染、水污染、土壤污染等）诱发了很多疾病，刺激医疗需求持续增加。近几年，空气污染是环境恶化的典型代表。据统计，全球每年因空气污染诱发哮喘死亡的人达到 10 万之多，其中，儿童占

35%。医学研究证明：在空气污染的环境中，儿童有更高的概率出现支气管过敏反应，这种过敏反应发展到后期就会转变为过敏性哮喘或其他肺部疾病。也就是说，环境污染会催生医疗行业产生了大量新需求。

目前，人口老龄化已经成为我国的一个极为严峻的社会问题。医疗需求也进一步扩大。2007年以来，我国老龄人口的数量与占比都在持续增长。2018年1月，国家统计局发布的数据显示，截止到2017年底，我国60周岁及以上人口24090万人，占总人口的17.3%，其中65周岁及以上人口15831万人，占总人口的11.4%。

根据联合国人口数据预测，预计到2020年，我国老年人口将达到2.48亿人，其中80岁以上老年人口将达到3067万人。2025年，我国六十岁以上人口将达到3亿人，我国将成为超老年型国家。由此可见，我国人口老龄化趋势将愈演愈烈，而老龄人的发病率较高，所以随着老年人口越来越多，我国医疗行业的发展空间将日渐广阔。

在整个医疗行业生态链中，云是顶层，是为医疗信息存储汇总、信息管理与决策、大数据挖掘等专设的网络应用层。医疗云是借虚拟化技术将医疗大数据引入云端存储起来，进行管理、分析、决策，能够让医疗企业的运营效率大幅度提升。对于整个医疗生态链来说，医疗云是大脑，负责传输各种医疗数据。目前，云端主要用于医疗信息存储与管理、医疗数据挖掘与决策两个方面。

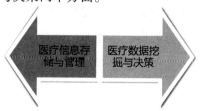

图6-5　云医疗的技术应用

◆**医疗信息存储与管理**

医疗信息存储与管理的对象是医疗信息和管理信息，主要任务是对这两类信息进行分类储存与管理。对于医疗生态链云端来说，信息存储与管理是基本功能，也是目前应用范围最广的云端系统，最典型的就是应用于传统医院的医疗数据中心和传统制造企业的医疗数据研发中心。比如在传统医院，医疗数据中心是整个疾病治疗系统的枢纽，既与患者、医生相连接，又与药企的药物、医生的药方有着紧密联系。此外，医疗数据中心还能对医院管理产生重大影响，所以，在整个医疗生态链中，传统医院的数据中心是顶层环节。

◆**医疗数据挖掘与决策**

医疗数据挖掘与决策是以医疗信息、管理信息分类存储为基础，利用大数据、云计算对数据所做的挖掘、分析与应用。它可以对规模庞大的医疗信息进行分析，从中获取有价值的信息，并依据信息做出有效决策，属于医疗生态链云端的高级应用，是目前云端系统最主要的发展方向。目前，这类应用最典型的就是云计算数据中心，云计算数据中心可以借助大数据、云计算、人工智能等技术对医疗数据进行深度挖掘，实现智能决策。

思科发布的研究数据显示，2010年，传统数据中心处理了79%的商业工作，21%是由云计算数据中心进行处理；到2021年，94%的工作负载和计算实例将由云数据中心处理，只有6%将由传统数据中心处理。由此可见，未来，在医疗信息领域，云计算数据中心将大展拳脚，成为主流的发展方向之一。

## 检测端：实现医疗检测精准化

患者是医疗生态链的核心构成要素，构建智能医疗产业生态链必须坚持以人为中心。在与人交互的视角上，智能医疗产业生态链主要包括云与端两个组成部分，云处于医疗生态链的顶层环节，IBM 的 Watson 智能大脑、阿里的阿里云 ET 医疗大脑等都是典型代表；端处于医疗生态链的下游底层环节，通过手术机器人、核磁共振检测仪等智能医疗设备与人直接交互，能够实时获取、反馈患者相关信息，对患者进行检测和治疗。

长期来看，自动化、便捷化、智能化是医疗生态链端的主流发展趋势，这决定了医疗生态链端将具有几乎没有天花板的想象空间。

医疗检测设备是医疗行业的基础设备。借助医疗检测设备，医生可对病人的病情做出准确判断，进而做出更精准的医疗诊断。获取的病情信息越准确，医生做出准确诊断的概率就越高，制订的治疗方案就越科学。具体来看，医疗检测设备可分为两类，一类是医院检测设备，一类是随身医疗检测设备。

（1）医院固定医疗检测设备。在医疗检测设备中，医院固定医疗检测设备占比最高，这类检测设备种类较多，专业性较强，其类型包括血压检测设备、尿液检测设备、血液检测设备、B 超机、X 光成像设备、CT 成像设备、核磁共振成像设备、基因检测设备、心电图测量仪等。这些设备的检测精度都比较高，需要专业人员操控，短时间内难以做到实时检测。

（2）便携医疗检测设备。在医疗检测设备中，移动随身医疗检测设备是新出现的设备，指的是某种配备了特定传感器的可移动设备，比如健康手环、监测手表、智能可穿戴设备等。这些设备可获取一些简单的医疗信息，是医院固定医疗检测设备在空间层面上的延伸，轻便易携带，可实时检测，能为用户带来更优质的检测体验。

近年来，医疗检测设备有了极大的发展，医疗检测也逐渐脱离了固有的检测指标，检测结果愈发精准，检测过程愈发个性化。随着新型医疗检测设备的出现和应用，一些新的医疗检测项目随之诞生，比如基因检测、智能皮肤癌检测、虹膜识别检测、压力分析检测、情绪检测等。

图6-6  新型检测设备的场景应用

### ◆基因检测

基因检测指的是对血液、细胞及其他体液进行 DNA 检测的技术。基因是 DNA 分子上的一个功能片段，隐藏着遗传信息，决定着生物所属物种。也就是说，人的生老病死是由基因决定的。所以，如果人体器官发生病变或即将发生病变，都能通过基因检测及时或者提前检测出来。

### ◆智能识别皮肤癌

AI 技术可借助手机对皮肤癌做出准确诊断，诊断的准确率超过91%，比大部分皮肤专家的诊断准确率要高得多。AI 手机诊断皮肤癌的原理是：先给人工智能系统提供大量高质量的皮肤癌图片，使其系统掌握对皮肤癌做出准确识别的能力，然后对用户上传的图片进行对比分析，输出诊断结果。

#### ◆智能虹膜检测

虹膜是眼睛构造的一部分，位于血管膜的最前端，是人身体面对外界最复杂、最精密的组织。通过智能虹膜检测，人可以知道自己潜在的患病风险，已经患上了何种疾病等。虹膜虽是眼睛的构成部分，却也是大脑的延伸，上面覆盖了成千上万的神经末梢、细微的血管、肌肉和其他组织，与人身体内部的脏器相连。通过虹膜图谱可对人体内的组织、器官、内分泌腺体、各个系统进行观察，从而及时发现其病症。

目前，利用 HW－2010PC 搭配 HW－lris 虹膜镜头可对人体组织做出高精准的质量评估。未来，随着虹膜识别技术不断发展，眼睛不仅是"心灵的窗户"，还将成为"健康的窗户"。

#### ◆情绪分析检测

持续发展的检测技术使主观指标被纳入检测范围。麻省理工学院计算机科学和人工智能实验室研制出一款情绪检测仪——EQ－Radio，该仪器可对被检测者发射无线电信号，信号接触到人体之后反弹，通过对信号隐藏的呼吸、心跳等信息进行分析，判断出被检测者当下的情绪，比如高兴、愤怒、哀伤等。据了解，在这项检测中，被检测者无须穿戴任何设备，仅通过分析心跳，情绪识别的准确率就能达到87%。未来，这种主观指标的检测将实现商业化应用。

随着检测设备的发展，未来将出现大量全新的检测指标。比如精力识别，对一个人的精力状况进行判断，指导其在精力充沛的时间段工作或学习，以提高效率。基于精力识别，未来可能会出现这样一种场景：一位中学生有很多课程需要学习，通过精力识别发现他记忆力最好的时间段，指导他在这个时间段学习文科，记忆知识点；在记忆力不好，但思考能力较好的时间段，指导其学习理科，提升思考能力。通过精力合理分配，学生的学习效率、效果都将得到大幅提升。

### 治疗端：满足患者个性化需求

新型治疗设备是医疗行业的关键设备，它能够帮助医生在获取了足够的患者信息之后开展针对性治疗，直接决定了患者的康复效果。一般来讲，传统医疗治疗可分为两种类型，一类是传统药物治疗，另一类是传统手术治疗。

（1）传统药物治疗。在医疗治疗领域，药物治疗是最常用的治疗方法，药物成分决定治疗效果。药物治疗方法可分为四类，分别是口服、表敷、肌肉注射、静脉血管注射。从功能上看，药物可分为退热剂、止痛药、抗疟疾、抗生素、抗菌剂及基因类药物等。

（2）传统手术治疗。手术治疗是一种具备极强针对性的治疗方法，它使用器械或药物直接作用于患者存在问题的器官，最常用的方法就是切除。传统手术治疗在肿瘤科、妇科、外科、眼科等科室有着广泛应用。

新兴医疗引入了很多先进的科学技术，在获取了足够的病情信息，给出准确的诊断结果之后，有针对性地进行治疗。相较于传统医疗方法，新兴医疗方法有了极大的改变，满足了患者对精准化、个性化医疗服务的需求。比如新兴医疗方式中的药物治疗会根据患者的年龄、身高、体重、性别等控制用药剂量，使药物效果达到最佳。

#### ◆针对性药物发现

在研发针对性药物过程中，研究人员可以利用智能计算对大数据进行分析、挖掘，从微观层面对化学的多元化应用进行探索，发现药物靶标，对受体与配体的相互作用进行模拟，对药物分子的作用机制进行解析，对中药配方进行研究等。除此之外，还可以根据患者的基本信息

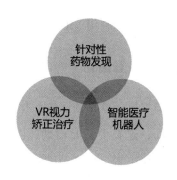

图 6 - 7　新型治疗设备的场景应用

（身高、年龄、体重、性别等）开展精准的药物治疗。

#### ◆智能医疗机器人

目前，医疗领域已出现一些大型手术机器人，未来，一些灵活的小型机器人也将陆续诞生。未来科学家、谷歌技术工程总监雷伊·库兹维尔（Ray Kurzweil）指出，十几年后，大小和细胞相近的超微型机器人医生（纳米机器人）将在医疗治疗领域得以应用，这种机器人医生可以进入人体的血液系统，在微观世界中治疗疾病。此外，纳米机器人还将用来向人体输送药物，开展靶向精准治疗。

#### ◆VR 视力矫正治疗

随着电视、计算机、平板电脑、智能手机、学习机等设备的普及应用，孩子自呱呱坠地起就被这些设备包围，过度使用电子设备对儿童视力造成了较大的负面影响，儿童视力问题成了全球性问题。北京市未来影像高精尖创新中心联合北京理工大学等多家单位做了一项实验，目的是研究长时间使用 VR 对视力的伤害是否比长时间使用平板电脑更严重，结果发现，如果使用方法正确，使用 VR 不仅不会给视力造成损害，还会产生积极影响。未来，利用 VR 技术矫正视力将成为可能。

## 辅助端：医疗辅助设备智能化

顾名思义，医疗辅助类设备就是为医生治疗、医院管理、患者康复提供辅助的设备。一方面，这类设备能辅助医院做好管理；另一方面，这类设备能辅助治疗，陪伴患者。根据辅助对象的不同，医疗辅助类设备可以分为两类，一类是辅助医院、医生的设备，比如智能病床、医生助手等；另一类是辅助病人的设备，比如助听器、助视器、老年人活动机器人等。

图 6-8　辅助医疗设备的场景应用

### ◆智能病床

智能病床配备了大量非接触式传感器，可以对病人的生理数据进行有效识别，不仅方便了医院管理，还能带给患者更好的检测体验。

以色列的 Early Sense 公司推出了一款可嵌入病床的非接触式传感器系统，可对需要全程跟踪但不愿佩戴监测仪的重症患者进行全天候监测。该系统的工作原理是收集患者的体征数据，并利用大数据技术进行分析，了解患者的健康状况，以便让医护人员实时了解患者病情的发展，一旦出现危急情况时，可以及时采取治疗措施。另外，在该监测系统的支持下，护理人员的工作效率可大幅提升，患者住院时长将有效缩短。由此可见，智能病床的出现和应用将有效改善患者的医疗体验。

### ◆智能医生助手

智能医生助手可以利用智能机器辅助医生诊断病情，制订治疗方案。目前，智能机器的语音识别、图像识别能力已远远超过人类。比如阿里IT医疗大脑分析B超，可通过计算机视觉技术、深度学习算法的综合利用对甲状腺B超进行快速扫描，找到结节区域，给出诊断结果（比如良性结节、恶性结节等），使医生的诊断时间大幅缩短。实验结果证明，阿里IT医疗大脑给出的诊断结果准确率要比人类医生高15%。

未来，智能医生助手不仅可以辅助医生对病情做出准确诊断，还能为医生提供可靠的治疗建议，辅助医生制订更加科学的治疗方案，为智能诊断的全面实现奠定坚实基础。

### ◆活动辅助机器人

近年来，活动辅助机器人研究引发了医疗界的广泛关注，在市场需求与资本推动双轮驱动下，实现了快速发展。人类研究活动辅助机器的主要目的是为行动不便之人提供便利，比如老年人、残疾人等，使其获得更高的生活质量。在该领域，丰田研发了一个可穿戴式机器人腿支架系统Welwalk WW - 1000，该系统可帮助腿部患有残疾之人、老年人独立生活，还能减轻护理人员的工作强度。

### ◆助听与助视器

智能助听器的目标用户群体是有听力障碍的老年人，因为长时间听力障碍，老年人会出现各种心理问题，比如不合群、焦虑、缺乏安全感、急躁等。所以，一旦发现老年人出现听力障碍，就要及早干预，帮助其验配助听器，改善听力，保护残余的听觉功能。

助视器与助听器一样，是可以改善患者视觉能力的一种仪器。就像助听器可以帮患者听到他原来听不到的声音一般，助视器则可以帮患者看清楚原来看不清的事物。目前，市面上有两类助视器，一类是光学助视器，另一类是非光学助视器。未来，随着人工智能不断发展，助听器与助视器都将变得更加智能化，给有听力障碍和视力障碍之人带来更多便利。

# 7

# AI+金融：互联网金融的下一个风口

# 7.1  人工智能与互联网金融深度融合

## 人工智能驱动互联网金融变革

近几年，互联网金融实现了高速发展，颠覆了人们对金融行业的传统认知。2016年4月12日，国务院印发了《互联网金融风险专项整治工作实施方案》。之后，整个行业进入了"价值回归"阶段，P2P类应用逐渐减少，仅依靠渠道，互联网金融再难获取高流量、高收益，精细化、技术化、差异化运营逐渐成为企业参与市场竞争的核心竞争力。该阶段，人工智能的应用价值将在互联网金融领域得到全方位体现。

自2016年以来，智能机器开始在财富管理服务中得以应用，智能投顾服务应运而生。举例来说，美国的证券公司、资管公司纷纷建设互联网金融平台，上线互联网财富管理类服务，以赢得更多中小型投资者客户支持，为自身培育新的财富增长点。

早在2015年，基金管理公司Vanguard便推出了智能投顾服务。同年8月，贝莱德收购Future Advisor。2016年，嘉维证券与宜信合作，进入中国市场，为国内用户提供理财技术与服务。近两年，类似案例层出不穷，这体现了大量传统金融机构对人工智能技术的强大势能予以高度认可。在国内，也有很多企业推出了智能投顾服务，宜信与品钛就是其中的代表。此外，还有很多公司计划推出智能投顾服务，比如弥财、钱景财富、蓝海财富等。

2016 年以来，中国人民银行、最高法院及其他部委都针对互联网金融出台了指导性文件，比如《关于促进互联网金融健康发展的指导意见》《最高人民法院关于审理民间借贷案件适用法律若干问题的规定》《非银行支付机构网络支付业务管理办法》等。随着越来越多的监管文件下发、执行，行业门槛正式设立，各项要求愈发规范，部分创业者和企业失去了入局机会，而现有的互联网金融平台却迎来了最好的发展机遇。

互联网金融企业要想更好地接受政府监管，获得顾客支持与青睐，推动自身实现可持续发展，就必须引进人工智能。近两年，金融行业对人工智能的重要性有了深度认知。未来，人工智能技术将在互联网金融行业实现广泛应用，互联网金融行业的发展将愈发正规化、规范化，移动支付将成为不可逆转的发展趋势，金融科技将成为互联网金融领域的核心命题。

从目前的情况看，金融行业要想实现健康、稳定的发展，已离不开人工智能技术的支撑。为此，国家要加快在人工智能领域的布局，根据我国的具体情况及发展需求制定科学的人工智能战略。

在这种发展形势下，我国金融机构必须加大在人工智能领域的投入，将人工智能技术的优势充分发挥出来，助力自身实现更好的发展。此外，金融产业必须做好复合型人才培养工作，做好人才储备，保证相关人才既了解金融行业，又掌握一定的人工智能技术，利用人工智能的技术优势助推金融产业发展。

金融行业的发展必须做到以客户为本。未来，金融行业的主流客户群体将转变为 90 后，为此，金融机构应利用人工智能技术，综合社交网络、消费习惯等数据对该群体金融需求进行深入挖掘，精准定位其金融偏好。以金融投资为例，为了给客户提供更精准的金融服务，金融机构应利用人工智能对客户的投资偏好进行分析，增进对客户的了解，有针对性地向客户推送服务信息。

## 有效提升互联网金融运营效率

金融行业隶属于服务业，通过与顾客沟通了解并满足顾客的金融需求，对顾客潜在的金融价值进行深入挖掘。过去，金融机构都是基于线下的服务网点为顾客提供金融服务，通过面对面交谈挖掘顾客的潜在需求与金融价值。在传统的金融服务过程中，客户群体以中高等收入群体为主，限制了金融机构的盈利能力。

随着人工智能在金融行业深入应用，传统的金融服务方式被颠覆。利用人工智能技术，金融机构主动通过 App、网上银行获取用户信息，对用户的潜在金融价值进行挖掘，并主动联系顾客为其提供金融服务。同时，顾客在接受金融服务之前，也可以对多家金融机构进行对比分析，挑选一家服务质量最好、效率最高的金融机构接受服务。这种情况下，整个金融行业的竞争将愈演愈烈。

目前，在整个金融市场上，网络金融服务的占比越来越大。相较于传统的金融服务，网络金融服务更容易被顾客选择、认可，其原因在于网络金融服务引入了人工智能技术，可对用户需求进行主动分析与挖掘，为用户提供更精准、更智慧的金融服务。

金融业是现代经济社会运转的关键产业，与其他行业联系密切。在长期经营过程中，金融行业积累了大量数据，包括客户信息、交易数据、市场前景分析等。这些数据蕴藏着巨大的价值，但仅凭人类的计算能力，很难将这些数据隐藏的价值挖掘出来，无法用这些数据指导金融活动。进入人工智能时代之后，随着大数据技术不断发展，这些数据的读取、处理、分析有了更有效的工具，数据隐藏价值得以充分挖掘，为金融机构相关业务的开展提供了有益指导。

利用物联网设备，深度学习系统可获取大量可供自身学习的数据，不断提升其知识处理能力，尤其是处理复杂数据的能力。所以，金融机构引入人工智能，不仅可以提升数据处理能力与风险防控能力，还能使人力成本得到进一步降低。

同时，借助大数据、人工智能技术，建立的金融数据模型，可以大幅度提升数据处理效率，使非结构化的数据实现结构化，并对相关数据进行定量分析、定性分析，使金融行业的海量数据得以充分利用。

比如阿里小贷通过分析商户近百天的数据可了解商户面临的资金问题。一旦发现某商户资金短缺，阿里小贷就会主动与商户联系，在极短的时间内为商家提供金融贷款。由此可见，借助人工智能，金融数据处理效率、金融服务效率都会实现大幅提升。

提及人工智能，人们首先想到的可能是 AlphaGo，但在互联网金融领域，有一个公司比 Alpha GO 更强势，就是 Kensho。该公司的核心员工出自高盛，它借鉴了高盛的经验模式，用机器代替人工进行投资、分析、决策。信息过载背景下，Kensho 去除了大量无效信息，帮助客户快速筛选高价值信息。2018 年，标普全球斥资 5.5 亿美元收购了该公司。

对于 Kensho 公司来说，其核心技术就是能在 2 分钟内做出概览，然后根据以往的报告对投资情况进行预测，并生成报告。这些预测报告的数据分析具有较高的精准度，无须人工检测，因为其数据来源于数十个数据库。如果按照传统的工作方式，分析师要想梳理完这些数据，需要花费几天时间，然而，市场瞬息万变，人工梳理后市场行情可能早已改变，从而错过很多投资机遇。

由此可见，引入人工智能之后，互联网金融行业的运行效率可实现大幅提升。未来，享誉全球的投资大师可能会是智能机器。

### 构建互联网金融风险控制体系

对于金融行业来说，其在运营过程中面临的最大风险就是金融风险。从本质来看，整个互联网金融体系存在两个层面的风险，一是道德风险，二是经营风险。现阶段，对于负面新闻层出不穷的互联网金融来说，最重要的任务就是去伪存真。

金融机构要想实现稳定发展，必须合理地规避风险。一直以来，为了做好风险防范工作，金融机构会聘请专业的、有着丰富经验的风险评估师，成立风险控制部门，通过团队协作规避风险。但在实践过程中，在防范金融风险方面，这些措施发挥的作用微乎其微，很难为金融机构的稳定发展提供强有力的保障。

依赖人力对互联网金融机构进行监管显然不太现实，为了提升监管效率，降低监管成本，引入人工智能技术就显得尤为必要。

人工智能时代，借助人工智能、大数据等技术，金融机构的风险管理与控制工作迈进了新阶段。金融机构可以通过数据分析、建模对金融风险的来源与风险系数进行预估，从而制定有针对性的风险防控措施。

以京东金融为例，京东金融会利用人工智能对客户社交、信用数据等进行分析，确定客户价值。与此同时，京东金融还利用人工智能对客户进行欺诈监测，通过数据分析对贷款人的还款能力与还款意愿进行评价，以此制定贷款标准，保证贷款安全，防范贷款风险。

金融机构利用人工智能防范金融风险，不仅可以提高风险防控能力，还能降低风险防范成本，使整个金融机构更安全、更稳定。

在金融业务前端，已有很多传统银行引入人工智能技术推出了客户定制服务，并专门针对理财产品开发了相关应用，巴克莱银行、花旗银行就是其中的典型代表。在国内，招商银行积极引进人工智能技术，推出了人工智能业务。未来，在金融行业前端，人工智能技术与机器学习技术将有更广泛的应用，为客户提供更便捷、精准的服务。

目前，互联网金融面临着信息安全、资产管理、投资风控等多方面的问题，在虚拟的网络环境下，银行没有足够的数据判断一位客户的身份，甄别其风险。再加上，传统的金融风险防控手段根本无法覆盖整个互联网金融业务的后端。在这种情况下，"互联网＋金融"就需要立足于更多互联网数据，与人工智能技术相结合，为破解金融行业痛点提供有效的解决方案。

## 从互联网金融向智能金融进化

迄今为止，互联网金融的发展经历了两个阶段，一是网络金融阶段，在此阶段，所有金融产品迁移到网上，基金、理财产品、信托、保险都可以在网上开展交易活动；二是大数据金融阶段，在此阶段，金融机构利用数据对金融产品与服务进行重新定义。未来，互联网金融将进入第三个阶段——"人工智能＋互联网金融"阶段，即智能金融时代。

以宁波互联网金融企业为例，目前，宁波的互联网金融企业停留在"互联网＋金融"阶段，它们通常是将传统金融服务与互联网连接在一起，将互联网思维、数据、管理方式与传统的金融服务相融合。目前，大部分互联网金融企业采用的都是这种模式。

在"互联网＋金融"模式下，金融行业进入"普惠金融"阶段，互联网金融弥补了传统金融的缺陷，让更多人可以享受到金融服务。但因为互联网具有开放性，"互联网 + 金融"的信息安全问题尤为突出，而且互联网金融机构资产调节能力差，投资风险控制能力不足。也就是说，与互联网对接之后，金融行业要面临更高的信息风险。正是基于这个原因，互联网金融行业才会出现 P2P 公司关闭潮。

在人工智能作用下，互联网金融不再是互联网与金融行业的简单结合，而是逐渐演化出"互联网 + 金融 + 大数据 + 人工智能"模式。在该模式中，人工智能起着串联作用，将互联网、大数据、金融行业连接在一起，使计算方式、计算过程更加智能、更加精准，为"互联网 + 金融"模式下的各种问题提供有效的解决方案。

未来，互联网金融行业的技术性会越来越强，金融智能化成为不可逆转的发展趋势。借助智能金融的机器学习功能，金融产品适应场景数据的能力将得以大幅提升，一套科学、完善的评分规则与决策体系也将得以创建，推动互联网金融行业发生颠覆性变革。无论是立足于消费金融，还是立足于风险控制，在人工智能技术的支持下，互联网金融都将呈现出一系列全新玩法。

## 7.2 AI 在互联网金融领域的场景应用

### 场景1：提供智能化客服方案

如今，快速崛起的金融科技（Fintech）行业吸引了诸多投资者和初创企业的加入。那么，什么是金融科技？以国际金融稳定理事会（FSB）的概念界定为准，金融科技实现了大数据、人工智能、云计算、物联网等技术的深度渗透，对以往的业务流程和发展方式进行了革新，在产品与服务方面进行了创新，颠覆了传统的金融生态，能够降低经营成本，加快系统运转，促进有效供给，提高风险管理能力，吸引更多客户的参与。

现阶段下，人工智能、大数据与区块链是我国金融科技领域中热度较高的三个板块。居于主导地位的是人工智能技术，利用人工智能的深度学习技术，能够对数据资源进行高效分析，发现不同数据之间存在的关系，对潜藏在数据资源中的价值进行深挖；借助区块链技术，加速金融行业的运转，降低行业风险。从诸多实践案例来看，人工智能在金融行业的价值体现，有赖于金融大数据资源的获取，需要对金融大数据进行分析与处理，提高行业发展的智能化、信息化水平。

人工智能在金融行业有较高的适用性。一方面，金融行业完成了数据化建设，在人工智能发挥作用的过程中不乏数据资源的支持；另一方面，金融行业在细分领域之间进行了清晰的业务划分，保险业务、银行业务之间不存在业务内容模糊不清的现象，人工智能可以在细分领域中体现其价值。此外，与工业生产领域相比，金融行业的生产领域没有那么复杂，生产管理、市场变化因素对生产环节的影响比较有限。

现阶段，智能客服、智能征信、反欺诈与智能投资顾问是人工智能在金融行业中应用比较广泛的垂直领域，率先进军这几个垂直领域的部分企业已经取得了初步的发展成效。

作为行业的重要组成部分，客服部门在金融企业运营过程中发挥着不可替代的作用。客服部门的服务提供会对金融企业的形象建立、客户满意度产生深刻的影响。

目前，包括金融行业在内的许多领域都推出移动应用、官方网站、微信公众号等多样化的交互平台。与此同时，越来越多的客户选择通过网络渠道而不是传统的呼叫中心与企业展开沟通，这意味着企业与客户之间发生的交互行为更加频繁，信息数量呈几何级增长。企业为了与客户进行有效的沟通，必须在这个环节投入足够的资金。客服部门的运作会加剧企业的成本消耗，但该部门缺乏明显的收益，这是金融企业普遍面临的问题。

数据统计结果显示，招商银行信用卡部门一天之内要为客户提供大约200万次的在线服务（不包括呼叫中心的客服服务）。这种情况下，传统人工客服模式无疑会增加招商银行的人力资源成本消耗。相比之下，金融机构采用智能客服机器人来进行服务供给，则能够在实现成本控制的同时，对接客户的需求，加快客服部门的运转效率。

智能客服机器人利用智能知识库与自然语言理解技术，抓取客户用语言形式传递的信息内容。之后，进行信息分析与处理，并从智能知识库中寻找能够回答客户问题的相关信息。最后，采用自然语言的形式进行内容输出，为客户提供信息咨询服务。

与人工智能客服相比，智能客服机器人掌握了更加丰富的信息资源，在回复客户的提问时不会出现信息遗漏的问题，也不会将不良情绪传达给客户，能够提高服务的专业化程度，有效提升客户体验。

招商银行应用小i机器人来为客服提供信息咨询服务。其信用卡服务部门借助小i机器人的智能客服系统，能够对客户提出的大部分问题予以高效的恢复，并为客户提供准确的答案。据悉，智能客服系统无法直接作答的问题仅占到总体的5%，而该系统解决不了的问题在总体中的比重低于1%。小i机器人的应用加速了招商银行客服部门的运转，并减少了成本消耗。智能客服的优势体现出来后，吸引了很多金融企业的布局。目前，最为主流的应用方式是人工客服与智能客服相结合的方式。

Gartner数据统计显示，到2020年，人工智能承担的客服工作将占到总体的85%，这说明智能客服拥有十分广阔的发展前景。凭借自身的技术优势，人工智能企业将为企业客户提供智能客服方案，从客服业务着手，与客户之间建立长期稳定的合作关系，其服务内容将涵盖企业管理、营销服务、员工智能服务等，并在发展过程中不断扩大业务范围，获得更多的发展机遇。

### 场景2：大数据助力金融风控

信用体系在金融体系发展过程中发挥着支撑性作用。在我国，政府部门负责对传统征信体系进行建设与监管，难以扩大征信数据的覆盖范围。公开数据显示，截至 2018 年 8 月末，央行征信系统数据库累计收录了 9.7 亿自然人，其中只有 4.4 亿人有信贷记录，征信的真实覆盖率只有 35%，剩下 5 亿自然人缺少征信数据。在企业方面，数据库收录了 2542 万户企业和其他组织，而由于国内中小微企业规模较小、资源匮乏，超过 840 万小微企业不能从传统银行获得融资支持，因而央行征信系统没有此类小微企业的征信数据。

当然，这也说明了我国金融业务仍然存在巨大的发展潜力，但要进行市场开拓，必须扩大征信数据的覆盖范围。

移动互联网时代，征信机构可以通过大数据、人工智能技术来收集个体用户及企业用户的相关数据信息，借助先进的技术手段对各种类型的用户进行深刻洞察，依据科学、有效的参考指标对用户的信用情况进行合理的判断，从而为传统金融机构、消费金融企业的业务拓展提供数据支持，便于个人及小微企业获取更多的金融服务，使服务提供方与客户都能够获益。

在智能风控领域，金融企业可以运用先进的算法、数据技术，并通过在特定的场景中发挥技术的作用来强化自身的风险控制力。目前，该领域涌现了大量初创企业，它们为了收集用户的相关信息积极进行渠道拓展，依托人工智能中的机器学习、深度学习技术进行数据挖掘，提取与客户紧密相关的信息，以便实现对客户信用等级的高效精准评估。

在获取数据过程中，政府部门及企业可以从金融机构、司法信息部门、社保管理部门、电商渠道、社交媒体平台等渠道进行全方位信息收集。

在利用多元化渠道获取丰富信息的基础上，我们可以对用户信用情况进行综合性评价。与传统征信评估方式相比，这种判断是在海量数据资源支持下进行的，具有更强的客观性。不仅如此，还能充分发挥人工智能、大数据之间的协同效应，同时提高企业风险管控能力，发现潜在的数据规律，降低金融风险，减少欺诈现象的出现。

智能风控领域的企业采用的业务模式包括两种：一种是面向中小银行、消费信贷企业与小额贷款公司的 To B 业务模式，即智能风控企业为这些企业类客户提供信用评估服务，对其目标用户的信用情况进行判断，向其收取服务费用。同盾科技是这方面的代表性企业，目前，同盾科技服务于包括电商行业、社交网络、保险行业、理财行业、银行机构等诸多行业中的上万家企业客户，建立起了相对完善的生态体系，并实现了数字化运营。

另一种是 To C 业务模式，在评估目标用户信用情况的基础上，以提供小额贷款、消费贷款为主营业务，向客户收取服务费及贷款利息。在诸多智能风控服务商中，那些具备多样化信息收集渠道、能够利用先进算法进行数据分析、为企业类客户提供优质服务的企业更有机会成为行业巨头。

### 场景 3：打造智能化投资顾问

近年来，在人工智能的渗透作用下，金融行业中的智能投资顾问市场呈现出蓬勃发展之势。美国市场上涌现出许多智能投资顾问企业，据科尔尼管理咨询公司（A. T. Kearney）预计，到 2020 年时，美国智能投资顾问行业的资产管理规模将达到 2.2 万亿美元，比 2016 年增加 1.9 万亿美元。Personal Capital、Schwab Intelligent Portfolio、Wealthfront 是极具代表性的世界级智能投资顾问企业。

智能投资顾问依托人工智能的深度学习、数据分析等技术，对投资市场的相关情况进行持续化、深度的分析与解读，能够得到投资市场发展趋势、企业财务数据、行业发展年度或季度报告等，信息收集的规模与广度得以大幅度提升，进一步加快了信息分析进程。

智能投资顾问能够为投资决策的制定提供更为精准的信息参考，这是人类投资顾问无法媲美的。EquBot LLC 联手 ETF Managers Group 于2018 年推出世界第一个智能机器人选股基金 AI Powered EquityETF，该基金运用人工智能技术进行投资分析，其选出的投资组合能够获得0.83％的高回报率，迅速吸引了投资管理从业者的目光。

智能投资顾问与传统投资顾问的区别集中体现在服务对象与内容提供上。传统投资顾问的服务对象局限于高净值客户，成本支出较大。而智能投资顾问拓展了服务范围，能够减少成本支出，为更多用户提供投资咨询服务。

与传统投资顾问相比，智能投资顾问能够减少人为因素造成的影响，有效提高数据分析的准确性、客观性，增强企业风险管理能力，以让客户获得更高投资收益率为导向，帮助客户制定科学合理的投资决策。当然，目前，智能投资顾问也存在不足之处，比如，智能投资顾问应用程序可能遭受黑客攻击；智能投资顾问缺乏完善法律监管体系，部分相关产品的应用存在道德风险。

表 7－1 传统投资顾问 VS 人工智能投资顾问

| | 传统投资顾问 | 人工智能投资投顾 |
| --- | --- | --- |
| 发展层次 | 投顾 1.0 | 投顾 3.0 |
| 服务主体 | 一对一人工服务 | 有限或无人工服务 |
| 服务内容 | 全方位财务管理 | 自动化资产配置、投资跟踪服务 |
| 目标客户 | 超高净值人群 | 普通工薪阶层、中产阶级 |
| 费用 | 服务费相对较高 | 有限或无限服务费 |

现阶段，国内智能投资顾问领域的发展还处于探索阶段，受到国内投资市场因素的限制，智能投资顾问的价值没有得到充分体现。另外，

我国存在部分没有进行注册、不具备业务牌照、违背相关法律法规，却私自进行公募基金募集销售的智能投资顾问企业。而且由于这类企业线上运营，监管难度大、成本高，对促进市场公平竞争造成了负面影响。未来，证监会等监管部门需要进一步增长自身的监管能力，对违法违规个体与组织进行严厉惩罚。

现阶段，智能投资顾问企业包括三种：

（1）在早期主要发展 C 端业务的初创企业，典型代表如蓝海智投，受到国内证券市场发展情况、传统投资习惯的影响，加上企业很难吸引客户，大部分这类企业走向了转型之路，开始转型 To B 业务模式，为企业类客户提供智能投资服务并从中获取收益；

（2）早期采用 P2P 模式的互联网金融企业，典型代表如宜信，它们通过智能投资顾问帮助客户制定投资决策；

（3）传统金融机构，它们同时采用人工投资顾问与智能投资顾问，或者通过智能投资顾问来满足客户的信息咨询需求。

一方面，智能投资顾问企业要善于进行资产管理，提高投资成功率。为此，智能投资顾问企业要发挥人工投资顾问或智能投资顾问的优势，为客户提供良好的投资方案，帮助客户进行有效的投资管理。另一方面，智能投资顾问平台在运营过程中要发挥大数据、云计算、人工智能等新一代信息技术的价值。未来，将有越来越多的投资企业引入智能投资顾问，这将促使资产管理产业格局呈现出新的特征。

## 【案例】 AI 在金融领域的应用实践

在国外，谷歌、IBM 等公司已广泛应用人工智能技术。国内各大金融企业也开始引入人工智能技术。在我国双创政策的推动下，再加上人工智能产业的投资拉动，未来几年，人工智能技术将在金融行业实现广泛应用。下面，对人工智能技术在国内金融领域的几大应用案例进行详细分析。

### ◆蚂蚁金服对人工智能技术的应用

蚂蚁金服成立了一个专门的科学家团队，由其负责人工智能领域的先进技术研发创新，比如机器学习、深度学习等，并促使这些技术在蚂蚁金服的业务场景（包括保险、客户服务、征信、智能投顾等诸多领域）中实现创新应用。

蚂蚁金服发布的数据显示，引入机器学习技术后，花呗与微贷业务平台上的虚假交易率下降了近10倍。与此同时，蚂蚁金服的科学家团队利用深度学习为支付宝证件审核开发了OCR系统。应用该系统前，支付宝证件审核需要24小时；引入该系统后，这一时间被缩短至1秒，而且证件审核通过率提升了30%。

在智能客服方面，早在2016年"双11"期间，蚂蚁金服95%的人工客服就已经被智能机器人取代，自动语音识别可做到100%。用户通过支付宝客户端进入"我的客服"，便可随时随地享受智能客服提供的优质服务。"我的客服"会对客户需要咨询的问题进行预测，部分是常规问题，部分是根据用户使用的服务、行为、时长等数据设计的个性化问题。

在与客户交流的过程中，"我的客服"会通过深度学习、语义分析自动做出答复。得益于规模庞大的样本库和持续优化的算法模型，"我的客服"在和用户沟通过程中不再是枯燥的机械应答，而是具备了一定情感和温度。

### ◆交通银行：智能网点机器人

交通银行于2015年推出智能网点机器人，引发了业界的广泛关注。该款机器人是实体机器人，应用了语音识别技术与人脸识别技术，支持语音交流，还能对忠实客户做出准确识别，对客户进行指引，为客户介绍各项业务等。在语音交流的过程中，智能网点机器人可回答用户的各种问题，缓解用户等待办理业务过程中产生的不良情绪，减轻大堂经理的工作负担，分流客户，节省客户办理业务的时间。

### ◆百度教育信贷实现"秒批"

在2016年召开的百度联盟峰会上，李彦宏曾指出人工智能正在颠覆传统的金融行业，推动金融产业发生重大变革，促使征信升级真正落地。百度教育信贷积极引入人工智能技术，切实提升了贷款审批速度，让教育信贷审批时间缩短到了"秒批"级别，而且整个过程非常简单。

用户想获取百度消费信贷服务，只需下载百度钱包App，在"教育贷款"模块上传身份证，系统会自动对用户的身份信息进行审核，根据用户的信用纪录判断其所需的服务类型，确定贷款额度。通过这种方式，不仅可以实现远程审批，还可实现"秒批"。

百度教育信贷的"秒批"是建立在以大数据及人工智能为基础的风控体系之上的。通过将大数据与人工智能相结合，百度风险控制部门为有贷款需求的群体绘制了用户画像，为其创建信用体系，并结合图像识别等人工智能技术，为贷款"秒批"的实现提供技术支持。

◆宁波聚元集团的超人贷

2014 年，超人贷平台正式上线，该平台上线后实现了迅猛发展，凭借风险控制成本低、效率高，坏账率低等优势赢得了业内外一致好评，积累了 1 万多会员，线上交易额突破 2 亿元。目前，该平台在行业中建立了较强的领先优势，引发了 CCTV2、CCTV7 等主流媒体争相报道，成为浙江地区首批登上中央电视台的互联网金融品牌。

在资产运营方面，超人贷平台采取了两项措施：一方面，超人贷平台将资金交由第三方银行或托管机构进行运营，并建立了健全的信息披露制度，将融资项目、经营管理等信息公开；另一方面，超人贷平台利用人工智能技术对每一笔交易进行监管，并公开监控信息。

目前，金融行业已经达成了一种共识：虽然互联网金融无法完全替代传统金融，但它完善了传统金融的业务结构，弥补了传统金融业务的不足。随着金融科技创新逐渐从渠道创新转向技术创新、数据创新，互联网金融代表的场外交易市场与传统银行之间的互补效应将愈发显著。互联网金融企业发展至今，已经历多次变革，要想应对瞬息万变的市场环境，互联网金融企业不能只获取资金支持，还要不断地积累数据，积极进行技术创新。

# 7.3 "AI+金融"领域的未来发展趋势

## 智能化：传统金融的转型升级

如今，金融机构开始趋向于智能化发展方向，包括金融交易所、商业银行、保险机构、互联网小额贷款公司、消费金融公司等在内的诸多企业，都开始着手建设智能化的公司组织体系、业务流程及整体架构。

一方面，这些企业必须为客户提供更加优质的金融服务，而智能化改造能够突显企业在产品与服务方面的独有特色；另一方面，面对激烈的市场竞争，这些企业积极学习金融科技企业、互联网金融企业在用户运营成本控制、风险管理等方面的经验，用智能化方式代替传统方式。

此外，智能化改造能够让企业实现成本节约，加速整体运转，解决运营管理方面存在的问题，体现自身的运营优势。对于聚焦垂直领域的中小金融机构，以及开展平台运营的大型金融机构来说，智能化转型都是必须要经历的过程。

未来，金融机构的很多业务都会围绕人工智能来展开。人工智能涉及的数字化协同、算法模型、智能化决策、数据科学与工程等，都将在金融领域的具体场景中得到应用，作用于企业的整体发展、业务拓展及用户个性需求满足。

数据驱动、智能决策将在多种金融业务发展过程中发挥重要作用。通过实施数据管理、用户管理，改革传统的经纪业务与零售业务，与此同时，推动金融机构的中后台业务创新，具体包括人力资源管理、财务管理、风险管理业务等，使金融机构以自动化、智能化方式进行服务供给。

除了现阶段下吸引人们广泛关注的智能营销、智能投资顾问、智能客服、智能风控等，未来，金融机构的各个环节都将实现智能化渗透，将有更多的垂直领域实现智能化运营。

部分金融机构与信息技术供应商引进了人工智能服务 AaaS（AI－as－a－Service），这种技术应用方式能够推动金融机构转型升级。在具体应用过程中，金融机构必须加强基础设施建设，为人工智能的应用做好硬件方面的准备，在平台与数据层面为人工智能的应用提供资源支持，与此同时，在软件层面运用自然语言处理技术、图像识别、语音识别、视频识别技术等促进人工智能的落地。

依托人工智能服务私有云的发展，我们可以将金融机构系统内部的各个组成部分联系起来，为人工智能在金融企业中的应用提供良好的条件。当然，在这个过程中，企业需要改革传统的服务模式。

### 数据化：强化金融数据的管理

大数据平台具备的实时计算能力，以及人工智能的机器学习能力，在金融领域中的危机预警、风险管理过程中发挥着重要作用。如今，越来越多的金融机构开始采用以 Flink、Spark Streaming、Storm 为代表的流式计算框架，通过使用流处理技术，采用 Spark Streaming 等微批模式在特定场景下进行实时大数据分析。目前，越来越多的金融机构在实时计算引擎领域积极探索，运用机器学习技术来进行风险管理、数据信息分析，有效提高金融交易的安全性。

人工智能的应用在很大程度上受限于硬件算力。目前，金融机构多采用开源分布式结构来开展人工智能平台的运营；用分布式系统基础架构进行大数据计算；用非关系型分布式数据库进行数据存储；用领先的人工智能学习系统进行机器学习与深度学习；用自然语言处理技术提供专业服务。

该模式能够通过分布式服务器架构提供智能算法，但在本质上仍然保持原有的硬件算力，硬件读写速度、图形处理器内核性能会对人工智能平台处理能力产生直接影响，并且平台运营方需要在硬件运维方面投入大量成本。

人工智能系统的体量限制了其数据处理能力，量子计算则能够弥补这方面的不足，随着人工智能技术的发展，量子计算将被应用到金融领域中，并吸引相关企业的争相布局。

本质上，将人工智能应用到金融领域，是在发挥数据科学对行业发展的驱动作用。数据科学的价值体现有赖于数据管理工作，数据资源的规模、广度、质量等会对人工智能的应用产生重要的影响。

当前，很多金融机构面临数据类型有限、数据质量低的问题，为了促进人工智能的落地，金融机构必须强化自身的数据管理能力，对数据资产予以高度重视。考虑到目前业内尚未建立统一的数据管理标准，未来，金融机构需要从数据安全、数据质量、数据架构等多方面着手，强化数据管理，扩大人工智能在金融领域的应用范围。

## 机器学习：AI金融实践的主体

人工智能涉及的范围比较广，目前，机器学习算法是金融领域对人工智能应用的集中体现。比如通过数据分析技术、智能算法与模型，对产品、市场、业务情况等进行分析、预测、评估，提高决策制定的自动化与智能化水平。

目前，人工智能中的机器学习算法还处于初级发展阶段。随着现代信息系统建设对基础类算法的应用持续增多，缺乏机器学习能力的传统系统将面临巨大冲击。现代企业进行信息化建设的过程中，需要逐步采用分布式机器学习平台来代替传统数据分析工具，从而提高自身的信息获取与分析能力，进一步发挥人工智能的作用。

金融行业对深度学习功能的应用尚有很大的发展空间。因为很多金融机构缺乏多维度、高质量的数据资源，无法充分发挥深度学习的价值，导致现阶段下的深度学习应用仅限于语音识别、人脸识别方面。

与深度学习相关的神经网络的结构特性，对金融行业应用深度学习技术也产生了很大的影响。与前馈神经网络相比，深度学习在神经元构成、连接上的复杂程度更高，运用的算法模型更精密，在规模化应用无法发挥巨大价值的前提下，大部分企业不愿意为其发展提供足够的资源支持，这个方面的人工智能探索将更多地局限于实验层面。

未来，在技术发展的驱动作用下，金融机构的数据管理功能将会明显加强，简化深度学习体系结构，扩大其应用规模，具体包括对非结构化信息进行价值挖掘，在营业服务中心进行客户身份提取，实施个性化产品与服务提供，根据信息分析结果提供保险定损服务等。

传统模式下，企业将数据应用、算法应用等工作交给不同的部门来承担。显然，这会增加金融机构在人力资源方面的成本投入，导致金融机构必须引进包括数据分析、数据产品、业务研究、系统开发及运营等各个方面的专业人才。

为了促进人工智能的应用，金融机构选择与供应商合作，或者采用外包方式来完成专业工作。尽管在人工智能基础应用过程中，以跨领域推理为代表的领域在发展过程中仍然面临重重阻力，但随着人工智能的应用范围不断扩大，对企业的能力要求也逐渐降低，比如基于人工智能技术打造出一种具备多种能力的智能专家系统，它们既能够运用算法技术，又能够进行产品开发，还能进行业务拓展。

在智能需求的驱动作用下，部分岗位的工作人员掌握了多种能力，具体如金融工程岗位、风险管理岗位、金融投资分析岗位等。随着人工智能的应用越来越普遍，金融领域从业者的专业能力与综合素质都会得到提高。

近两年，越来越多的互联网企业开始寻求与金融机构的合作发展。金融机构拥有庞大的用户基础，覆盖面广，专业度高，不足之处在于技术力量微薄，业务守旧，而互联网企业能够补足其短板。互联网行业与金融领域的跨界合作，意味着金融企业将面临越来越激烈的市场竞争。

未来，包括商业银行、保险机构在内的众多金融机构都会选择加入国内互联网巨头企业的阵营，通过与互联网科技企业进行合作，获得技术、服务等方面的支持。从金融机构的角度来分析，通过合作，它们能够拥有更多客户资源，扩大消费金融市场，促进智能金融的落地；从互联网企业的角度来分析，通过合作，它们能够拓展专业渠道，有力地推动产品与服务创新。

# 8

# AI+交通：引领智能交通未来新路径

# 8.1　人工智能在智能交通领域的应用

## 智能交通系统建设现状与优势

智能交通系统（ITS）是一种综合性的运输管理系统，它由人工智能技术、计算机技术、自动控制技术、电子传感器技术、信息与通信技术等技术与地面交通系统融合构建而成，可以在诸多领域内发挥重要作用，具有准确、实时、高效的特点。近年来，我国的车辆保有量、驾驶人员数量、城市人口数量不断增长，城市范围持续扩大。在此情况下，为了构建和谐交通，解决交通管理难题，提升交通管理水平，尽快将智能交通系统引入道路交通管理是关键。

在社会经济快速发展、城市化进程不断加快的形势下，我国城市面积持续扩大，道路基础设施及车辆不断增加，公共交通体系建设持续增强，使城市交通系统建设进入快速发展阶段。但与此同时，交通事故发生频率越来越高，道路交通安全形势越发紧张，因社会矛盾、人民内部矛盾发生的突发性群体事件越来越多，诱发违法犯罪行为的因素不断增加，各种案件、事件的发生率越来越高，突发性越来越强，为政府部门的防控管理带来了巨大挑战。

在社会管理方面，由于车辆保有量迅速增长，人口流动频率越来越高，人、车、路等信息无法实现及时采集，存在严重的漏管失控现象和安全隐患。这种背景下，如何开展有效的交通管理成了一大难题。为解决该问题，公安交警部门必须创新传统警务机制，加强社会管理，营造和谐稳定的社会环境。

近年来，各级政府在交通基础设施建设方面投入的资源越来越多，通过建设高架桥、BRT 公交系统、人防过河穿行隧道、地铁等设施使城市交通系统的通行能力得以大幅提升，并在一定程度上降低了交通拥堵发生概率。但因为城市规模有限，城市人口数量不断增加，简单地增建基础设施是无法破解城市交通难题的。对于城市管理者而言，如何通过科学调控，利用现有的交通基础设施满足城市居民的出行需求是一项时代课题。

目前，我国多个城市的智能交通系统建设受到了技术、经费、经验等要素的制约，但为了迎合城市道路交通发展趋势，我国各城市必须做好智能交通系统建设，其原因有以下几点：

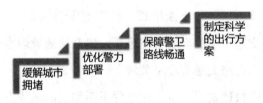

图 8-1　智能交通系统建设的必要性

◆ **缓解城市拥堵**

目前，很多城市都在用人力疏导交通，具体做法为：在早晚出行高峰派交警、协警在各路口、路段对车辆、人流进行疏导。在大量交警、协警的努力下，公安部门、交通管理部门逐渐摸索出了一套有效的交通管理方法。然而这种方法虽然有效，但其弊端也非常突出，比如不能实现 24 小时执勤、成本高昂等，而引入智能交通系统能有效解决这些问题。

智能交通系统能够将所有市民的出行数据整合起来进行算法分析，借此对各路段、路口、交通事故易发点、交通拥堵易发点的分布情况进行综合考量。与此同时，通过对学校、企事业单位、商场、大型集会场所的动态评估及对各种突发事件的灵活处理，智能交通系统可对全市的交通资源进行快速整合，使交通治理能力得以大幅提升。

### ◆ 优化警力部署

借助物联网技术，智能交通系统可实时发现交通事故及交通违法行为，并对其进行通报。目前，我国部分城市的交通管理部门已为警务人员配发警用智能终端，但终端和终端之间、终端和系统之间尚未实现互联互通，无法进行统一调度。借助智能交通系统，通过警用智能终端，警务人员可准确定位事故发生地点，追寻嫌疑车辆逃跑路线，定位嫌疑人藏身位置，从而严厉打击交通违法行为，并起到积极预防作用。比如通过对酒店出入车辆、车辆行驶速度、行驶轨迹等信息的分析，判断司机是否酒驾，如果发现司机酒驾立即派警员前去拦截，以精准打击酒驾行为。

### ◆ 保障警卫路线畅通

对于交通管理部门来说，如何在大型活动开展期间保证警卫线路安全畅通是一个长期性的难题。过去，只要开展大型活动，在活动开始前很长一段时间交管部门就要安排人员提前清空警卫路线，即便如此，在活动开展过程中也经常发生意外。而引入智能交通系统之后，交管部门可对全市的交通信号灯进行统一调控，在提升任务执行效率与质量的同时，可以在最大程度上降低活动对市民出行造成的影响。

### ◆制定科学的出行方案

上述几点是智能交通系统为管理者带来的益处，而这一点是该系统为市民创造的价值。现阶段，智能手机的导航软件可实时呈现交通拥堵情况。引入智能交通系统之后，市民可实时获取当前的交通状况，对出发地、目的地进行有效监控，实时获取目的地附近的停车位数量，甚至还能获取一个定制版的出行路线。根据这些信息，市民可对自己的出门时间、出行方式进行合理规划，从源头上为交通拥堵问题、交通违法问题提供解决方案。

对于新时代的交通管理而言，智能交通系统是非常重要的支撑性工具，可有效缓解交通拥堵，防止交通违法行为，实现交通资源的优化配置，从各个方面为市民出行提供保障。同时，借助智能交通系统，"美丽城市、幸福家园"的建设目标也将得以实现。

虽然目前我国各个城市的交通问题比较严重，但随着智能交通系统的引入，这些问题将迎刃而解，创造巨大的经济效益与社会效益。

## AI 技术对智能交通产生的影响

在人工智能的作用下，人类社会将迎来一场颠覆性的技术革命。过去，机器只是单纯地被人类操控；引入人工智能之后，机器开始学习主动适应人类。目前，人类已经习惯操控机器完成各项生产活动，如果机器具备了人类的智能，各行业将会发生前所未有的产业革命。智能机器的学习能力已经得到证实，面对人工智能带来的新变化，行业、企业只能积极接受，交通行业也是如此。

进入人工智能时代之后，交通行业必将面临诸多技术变革，比如自动驾驶、物流管理、交通管理、出行服务等。现阶段，人工智能正在从技术驱动向与场景结合发展，这个过程中需要智能机器设备广泛参与。交通行业需要积极拥抱人工智能，找到并解决行业痛点。长期来看，推进交通业向智能交通转型必将形成场景驱动。

人工智能在智能交通领域的应用效果要通过以下内容进行判断：人工智能在场景驱动中的应用是否成功？借助人工智能，是否可以解决交通行业此前无法解决的问题？是否可以创造更多价值？是否可以引领产业模式创新？

发展智能交通不能只将人工智能视为一项技术。在与人工智能专家合作的过程中，麻省理工学院发现了一个问题，即人工智能专家在行业具体应用方面存在一定不足。所以，人工智能用于智能交通的首要任务就是找到行业的应用场景，创造真正的价值，颠覆传统模式。

党的十九大提出我国要建设交通强国。目前，从交通设施、交通参与者数量、交通出行者数量来看，我国已然是世界第一交通大国，但交通大国与交通强国不是一个概念。借助人工智能，我国建设交通强国的愿景将可实现。

本质上，智能交通是由大数据驱动的，从数据中提炼信息，从信息中提炼知识，从知识中提炼智能，进而推动整个行业发生彻底改变。未来，人、交通基础设施、交通工具等事物都将参与数据交换与应用。

"大脑"是人与组织的控制中心，越来越多的科技企业开始积极构建各种大脑，比如阿里城市大脑等。以阿里城市大脑为例，未来，阿里城市大脑中装载的将全部数据化，这些数据在各领域各司其职，参与创造每一个"神经元"，最终构建一个生态协同系统，形成控制城市高效运转的"超级大脑"。

人工智能是一个泛在的智能，智能交通也将成为一个泛在概念。未来，智能交通的考量指标应该是安全性、便捷性更强，效率更高，更低碳环保的智能交通系统等。

基于人工智能建立的智能交通系统将发生从 IT 到 OT，再到 ET 的转变。在人工智能时代，交通各单元都要学会感知，使道路、车辆、交通基础设施等实现数据化。只有具备感知才会产生认知，只有产生认知才能创造价值。

首先，对于智能交通来说，如何提升交通的安全性是一大要点。未来，随着无人驾驶逐渐普及，酒驾、疲劳驾驶等行为的发生概率会大幅下降，届时，交通将变得更加安全。

其次，如何让交通更便捷也是智能交通需要关注的要点。现行交通系统相对混乱，为了提升交通系统的便捷性，让交通系统变得更为高效，必须借助人工智能将人、车、路、设施、天气等交通参与要素融入智能交通系统，让系统变得更高效、更便捷。

再次，如何提升交通系统的运行效率也是智能交通需要关注的要点。将人工智能引入智能交通系统是整体系统的优化。未来，智能交通领域将出现与大脑神经元相似的体系架构，各行各业都能顺畅交流，产生更多新智能产品。

最后，以人文本。归根结底，智能交通是为人服务，因为所有的机器都是人生产的，其作用就是满足人的需求。新时代，人们渴望美好生活，具体到交通领域就是对出行安全性、便捷性、高效性、绿色性的需求。要满足人们的这一需求，必须打造智能交通系统，而该系统的打造离不开人工智能。

### AI 技术在智能交通领域的应用

近年来，智能交通行业迅猛发展，为了保证行业健康发展，国家相关部门开展了一系列调研活动，以便为行业发展提供政策与资源支持。比如发改委基础司对不停车收费系统、集装箱铁水联运信息化、北斗系统交通行业应用等领域进行调研，之后副司长郑剑亲赴杭州开展综合交通枢纽建设和智能交通发展专题调研。这些表明智能交通已引起政府部门的高度重视。

随着交通卡口系统的联网整合，汇集的车辆通行记录信息越来越多，借助人工智能技术可对城市交通流量进行实时分析，对红绿灯间隔时间进行有效调节，缩短车辆等待时间，让城市道路通行效率得以切实提升。

人工智能用于交通系统相当于为整个城市的交通系统安装了一个人工智能大脑。这将使广大出行者、交通管理者等能够实时掌控城市道路上的车辆通行信息、小区的停车信息、停车场的车辆信息等，从而对交通流量、停车位数量变化等进行有效预测，实现资源的合理配置；对交通进行有效疏导，实现大规模的交通联动调度；提升整个城市的交通运行效率，缓解交通拥堵，保证居民出行顺畅。

图 8－2　AI 技术在智能交通领域的应用

◆ 车牌识别

目前，车牌识别算法是人工智能在智能交通领域最为理想的应用。

传统图像处理与机器学习算法的很多特征都是人为设定的，比如 HOG、SIFT 等。在目标检测与特征匹配方面，这些特征占据着非常重要的地位，安防领域很多算法使用的特征都源于这两大特征。根据以往的经验，因为理论分析难度较大，且训练方法需要诸多技巧，人为设计特征与机器学习算法需要 5~10 年才能取得一次较大的突破，而且对算法工程师的要求越来越高。

深度学习则不同，利用深度学习进行图像检测与识别，无需人为设定特征，只需准备好充足的图像进行训练，不断迭代就能取得较好的结果。从目前的情况看，通过不断加入新数据，持续增加深度学习的网络层次，可以持续提高识别率。相较于传统方法来说，这种方法的使用效果要好得多。

目前，车辆颜色识别、无牌车检测、车辆检索、人脸识别、非机动车检测与分类等领域的技术日趋成熟。

（1）车牌颜色识别。

过去，光照条件不同、相机硬件误差等因素会导致车辆颜色发生改变。目前，在人工智能技术的辅助下，因图像颜色变化导致识别错误问题得到了有效解决。统计数据显示，卡口车辆颜色的识别率提升了 5 个百分点，达到了 85%，电警车辆主颜色的识别率超过了 80%。

（2）车辆厂商标志识别。

过去，车辆厂商标志识别一般使用传统的 HOG、LBP、SIFT、SURF 等特征，借助 SVM 机器学习技术开发一个多级联合的分类器进行识别，错误率相对较高。目前，引入大数据和深度学习技术之后，车辆厂商标志的识别率从 89% 提升到了 93%。

◆ 车辆检索

在车辆检索方面，不同场景下的车辆图片会出现曝光过度或者曝光不足、车辆尺寸发生变化等现象。在此情况下，如果继续使用传统方法提取车辆特征会导致车辆的正确检索率明显降低。而引入深度学习之后，系统可获得相对稳定的车辆特征，更加精准地搜索到相似目标。

在人脸识别方面，受光线、表情、姿态等因素的影响，人脸会发生一些变化。目前，很多应用都要求场景、姿态固定，引入深度学习之后，固定场景的人脸识别率可提高到99％，且对光线、姿态等条件的要求也会有所降低。

### ◆ 交通信号系统

传统的交通信号灯转换使用的都是默认时间，虽然这个时间每隔几年就会更新一次，但随着交通模式不断发展，传统系统的适用时间越来越短。而引入人工智能的智能交通信号系统则是用雷达传感器和摄像头监控交通，然后利用人工智能算法确定转换时间，通过将人工智能与交通控制理论相融合，来对城市道路网中的交通流量进行合理优化。

### ◆ 大数据交通分析

人工智能可将城市民众的出行偏好、生活方式、消费习惯等因素作为依据，对城市人流与车流迁移、城市建设、公共资源等数据进行有效分析，并利用分析结果辅助城市规划决策，指导公共交通基础设施建设。

### ◆ 无人驾驶和汽车辅助驾驶

在人工智能领域，图像识别是一项非常重要的技术。该技术可对前方的车辆、行人、障碍物、道路、交通标识、信号灯等物体进行有效识别，有效提升人们的出行体验，重塑交通体系，引领人类社会迈向智能交通时代。

道路交通安全防控体系涉及了交通行为监测、交通安全研判、交通风险预警、交通违法执法等众多核心技术。目前，这些技术已和人工智能实现了有机融合，可以清晰地监测道路交通运行状态，发现车辆通行轨迹，识别交通违法行为，消除安全隐患事件，快速响应路面协作联动，提升交通信息应用服务水平等。

### AI 在道路交通管理领域的应用

近年来，交通优化逐渐成为城市建设的重点，智能交通领域蕴藏着巨大的发展潜力。美国旧金山知名调查机构 Grand View Research 预测，到 2020 年时，智能交通的市场份额将增加至 386.8 亿美元。在城市化建设不断加快的今天，汽车规模迅速扩大，许多城市都面临严重的交通拥堵问题，且交通事故频发，环境污染严重，增加了城市建设及发展的负担。在这种情况下，越来越多的地区开始打造智能交通体系。

人工智能在 2017 年迅速崛起，呈现出蓬勃发展之势。在这一年，借助神经网络与深度学习，智能机器显著提高了自身的学习能力与理解能力。随着该领域的持续发展，人工智能将逐渐渗透到人们的日常生活中，提高人们的工作效率，并且对人们的思维方式产生深远影响。人工智能的应用能够加速社会经济的发展，促进整体的转型升级，在道路交通管理领域发挥越来越重要的作用。

经过数十年的探索，人工智能在道路交通管理领域的应用已经取得了初步成果。人工智能的应用能够有效缓解城市面临的交通拥堵问题。权威数据统计结果显示，在经济方面，美国因交通拥堵问题每年导致的经济损失高达 1210 亿美元；在环境方面，交通拥堵导致的二氧化碳排放量每年高达 250 亿公斤，当汽车在市区处于运行状态时，由于城市未安装智能化的交通信号系统，约 40% 的发动机是空转的。

为解决上述问题，卡耐基梅隆大学机器人教授斯蒂芬·史密斯带领团队研发智能化的交通信号系统，优化城市道路交通管理。斯蒂芬·史密斯教授团队测试结果显示，智能交通信号系统的应用能够提高城市交通管理的效率，大幅减少发动机空转的时间。

此外，智能交通信号系统的应用，还能够起到减排效果，并且能够提高城市交通道路的承受能力，避免相关部门不断进行道路拓宽与改建，从而降低城市交通管理成本消耗。智能交通信号系统能够对实时路况进行准确的监控与感知，利用先进的人工智能算法自动调整灯色转换时间，显著提高城市道路交通管理效率。

智能交通信号系统利用分散方式对交通网络的运营情况进行精准掌控，这与商业自适应交通控制系统之间存在明显的区别。具体而言，各个交叉点根据实时车流量决定灯色转换时间，并将数据提供给临近的交叉口，方便它们预知一定周期内的入站车辆数。采用这种模式的交通信号系统能够更好地适应实际交通状况，并与邻近交叉口相互配合，优化整体的道路交通管理。

随着人工智能在道路交通管理领域的普遍应用，交通警察的工作将由警用机器人来承担，这种机器人的系统能够 24 小时进行道路巡逻并实施全方位的监管，提高公安交通管理部门的工作效率。运用公路交通安全防控体系，相关部门能够及时了解各个路段的车辆通行情况，对交通违法行为进行监管，并迅速进行处理，恢复正常的交通秩序，从整体上强化自身的管控能力，提高勤务管理效率，对交通违法行为进行惩罚，使整个城市道路系统保持畅通，降低重大交通事故发生的概率，提高城市交通安全性。

交通行为监测技术、交通安全研判技术、交通风险预警技术、交通违法执法技术是道路交通安全防控体系的主要组成部分。如今，人工智能已经实现了与这四大核心技术的融合发展。人工智能技术在道路交通领域的应用，能够让管理部门更好地掌握交通运行状态、车辆通行轨迹，在及时处理违法行为的同时，减少交通事故发生的概率，促进相关部门之间的协同合作，优化交通管理服务。

在全国公安交通管理部门主抓城市畅通和道路安全问题的当下，推动人工智能技术在道路交通管理中的应用，将有效提高交通管理部门的工作效率，推动公安交通管理事业的持续稳定发展。

# 8.2　案例实践："AI＋交通"的模式路径

## 滴滴：打造人工智能调度系统

现代化出行方式引领者滴滴出行基于 AI 技术建立了自动化、智能化的人工智能调度系统。该系统通过将大数据、云计算、机器学习等技术相结合，建立滴滴交通大脑，对城市实时交通数据进行搜集、分析。在此基础上，制定匹配、导航等决策，有效提高城市交通道路网供给能力，让人们享受到高效、便捷的优质出行服务。具体而言，滴滴的人工智能调度系统主要包括以下几个功能。

### ◆目的地预测

对用户位置进行高效精准定位，并结合天气、时间、历史记录数据等对用户目的地进行预测。在城市中，大部分人的日常生活是较为规律的，以白领为例，工作日早上 7 点到 8 点半前往公司，下午 17 点半到 19 点下班回家；休息日上午补充睡眠，下午和晚上外出购物、聚餐、看电影等。通过大数据、人工智能等技术对其数据进行搜集与分析后，滴滴便可以找到其出行规律,对其目的地进行精准预测也就成为可能。

### ◆估价

滴滴出行的 AI 估价并非仅是简单地根据距离给出价格,它需要进行路线规划、时间预估、路况分析等,有一个较为复杂的计算过程。其中,路线规划是一项核心环节,在错综复杂的城市交通道路网中,从一个地点到另一个地点会有多种路线,不同路线的时长、路况、红绿灯数量、车速限制等可能存在一定差异,路线规划要结合经济性、时间成本等多种因素,确定最佳路线后,再结合实时路况等预估到达时间,最终制定一个合理的预估价格。

### ◆拼车

滴滴出行的拼车功能使用了机器学习技术,当用户提交拼车信息后,滴滴出行平台人工智能调度系统需要计算用户所在位置到目的地过程中出现其他拼车用户的可能性。如果概率较低,该用户可能享受专车待遇,价格优惠力度相对较低;而概率较高时,会有多位拼友共同承担油耗、车损等成本,用户便可以享受一个更高的优惠力度。

### ◆订单分配

订单分配是滴滴出行重点关注的功能,在繁华的一、二线城市中,高峰时段每秒钟可能都会有上千甚至上万名想要打车的顾客,以及上千甚至上万辆可以载客的车辆,滴滴要让需求者和服务供给者高效对接的同时,减少资源浪费,制定最优匹配方案。这就需要使用匹配度指标,几年前,由于技术发展不成熟,滴滴出行使用的是以距离计算匹配度的方式。

　　然而用距离计算匹配度存在明显短板，比如，某个路段虽然距离较短，但车流量高，经常陷入严重拥堵，导致时间成本大幅度提升；还有的路段则是距离较长，但车流量较低，畅通无阻，时间成本较低。所以，除了距离外，还应该考虑时间成本因素。

　　而计算出订单路程距离和时间成本后，订单分配也是一项难题，因为滴滴用户数量及司机数量规模庞大，一个订单可能要和周边的数百个甚至上千个司机进行匹配。从公布的数据来看，滴滴出行每秒钟要完成的匹配量达到上千万个，如果用传统处理方式，这将是一项几乎不可能完成的巨大工程。

　　有些人可能会由订单匹配联想到在百度、谷歌等搜索引擎搜索信息的场景，但订单匹配和搜索的逻辑存在本质差异，如果我们对搜索某个关键词后得到的搜索结果页面进行截图，等待几分钟甚至一天再输入该关键词，很容易发现得到的搜索结果页面和截图中的结果几乎完全相同。

　　但滴滴出行的司机处于驾驶状态，几秒钟可能就会从一条路转移到另一条路，因此，路线规划比搜索要复杂得多。为了更好地进行订单匹配，滴滴出行先是开发出了机器学习系统，该系统利用车辆反馈的速度、路况等信息，寻找海量离散、无序数据背后的规律，从而建立订单分配模型。

　　滴滴旗下的创新性研究机构滴滴研究院开发了一套深度学习系统，该系统能够利用实时路况、历史记录等数据完成路线规划及时间预估，实现高效精准的订单分配，统计数据显示，应用深度学习系统后的订单分配误差比使用机器学习系统低70％。

**◆ 可视化系统**

可视化系统能够让滴滴出行了解订单行程中的各类数据，比如哪些区域用户需求较为集中，哪些区域容易发生交通事故等。此外，可视化系统还可以反映出区域数据变化，比如高峰时段订单量降低、司机应答率降低等，从而进一步分析这些数据变化背后的影响因素，提高滴滴出行的运营管理水平。比如在不同城市、不同时段设置动态变化的冷热区域，引导闲置车辆前往热点区域，降低空载率，提高司机收入的同时，优化用户体验。

当然，跨城数据也能在可视化系统中体现出来，在周末、中秋、端午、春节等节假日，由于回家、旅游、走亲访友等原因导致的跨城出行相当普遍。此时，人们可能不再遵循日常出行规律，常规的订单分配、价格预估、路线规划等方法不再适用，而通过可视化系统分析这些数据，滴滴出行可以及时做出优化调整。

掌握了海量交通数据资源的滴滴还积极承担社会责任，让科技造福亿万民众，比如 2017 年 4 月，滴滴宣布向全国各地交通管理部门开放"滴滴交通信息平台"，帮助后者更好地管理城市交通。此外，滴滴还会发布季度、年度等交通运行报告，向政府部门、研究机构、企业、创业者及广大市民等分享高价值数据资源。

## 百度：提供智能交通解决方案

2017 年 7 月 5 日，百度和保定市政府于北京国家会议中心签署共建智能交通示范城市战略合作协议。根据协议，百度提供云计算、大数据、人工智能、自动驾驶等技术与解决方案支持，保定市政府提供道路交通基础设施、数据等各类资源，双方将用 3 ~ 5 年的时间，在自动驾驶技术测试、体验示范、标准制定、法律法规建立及完善等方面进行深入合作，推动自动驾驶研究成果转化和相关产品及服务的市场化，将保定市打造成为全国智能交通示范城市。

2017年4月，百度正式发布自动驾驶开放平台阿波罗（Apollo），该平台包含了一套完善的软硬件和服务系统，车辆平台、硬件平台、软件平台及云端数据服务是其四大核心组成部分，能够帮助汽车品牌、技术服务商等快速建立起自己的自动驾驶系统，从而为保定市等国内各个城市建设智能交通、智慧交通提供强力支持。

◆用人工智能解决城市交通病

经过十几年的发展后，国内地图导航行业已经形成了稳定的市场格局，百度地图、高德地图、搜狗地图、腾讯地图基本实现了行业垄断。但这并不意味着这四大巨头可以高枕无忧，因为核心竞争力的构建已经不再是定位导航能力，而是大数据及人工智能技术。

我国城镇化进程日渐加快，汽车保有量持续提升（公安部统计数据显示，截至2018年底，全国汽车保有量达2.4亿辆，比2017年增加2285万辆，增长10.51%），消费升级时代来临等诸多因素影响下，单纯的定位导航服务已经无法满足市场需要，推进大数据及人工智能技术在地图导航产品中的融合应用，成为企业从激烈的市场竞争中成功突围的关键所在。

在地图数据采集方面，要对海量的实时交通数据进行采集，显然通过人工采集根本不能解决问题，自动化、智能化、高精准度的采集设备及系统成为关键所在。在众多国内国际地图厂商中，百度地图是率先实现地图数据自动化、智能化采集的厂商之一，百度在广东省顺德市建立了百度地图数据中心，早在2016年7月28日该中心首次向媒体开放时，其自动化程度便已经超过了80%。

百度地图采集设备可以对道路中的电子眼、警示牌、图形标牌、行人、车辆、路面状况及周边建筑物等进行自动精准识别。与此同时，百度基于 AI 的图像识别技术也为百度地图数据资源获取提供了强有力支持，从而使门牌号、店铺名称、停车场标识等传统采集设备与系统难以采集的信息，也能被百度地图高效精准采集。

百度官方公布的数据显示，百度地图全景图像自动化识别提取精准率高达 95%，通过图像自动识别分析技术采集数据的道路总里程达到 670 万公里以上。

想要提供实时交通路况，离不开海量的交通大数据支持，而引导用户积极分享定位、搜索及导航数据，是获取交通大数据成本较低、效果更佳的解决方案。为此，百度地图推出了"POI（信息点）认领"功能，由于该功能所隐藏的营销价值，得到了商户的积极响应，已经有约 150 万商户认领 POI 数据，全球 POI 总量达到了 1.4 亿个。

通过创新生态采集模式，百度地图不但以较低成本获取海量数据资源（百度地图中 76% 的数据是由普通用户及商户提供的），而且给用户带来了参与感、体验感，有效提高了用户忠实度。

推进交通大数据的 C 端应用，为广大用户提供优质出行服务，是交通大数据的一项重要价值，也是解决城市交通问题的有效途径，无视市民需求、简单粗暴地限行限号绝非明智之举。

如果能为每一个广大市民提供完善的个性定制出行方案，城市交通拥堵问题将得到极大地缓解。为此，百度地图依托百度强大的人工智能技术，对产品不断更新迭代，提供多种出行方案，满足不同用户的差异化需要，比如在路线规划环节，百度地图提供了"智能推荐""时间优先""距离优先""躲避拥堵""不走高速""高速优先"6 种选项，可以满足绝大部分的用户出行需要。

#### ◆百度地图智慧信号灯研判平台

2017 年 9 月，百度地图与北京交警共同推出智慧信号灯研判平台，该平台将借助实时、精准路况数据帮助北京交警对信号灯进行智能管理，提高丁字路、十字路等路口通行效率，减少交通事故。比如平台根据实时路况数据判断路口是否处于拥堵状态，拥堵程度、拥堵原因、拥堵时间评估、解决方案等都将及时提供给交警部门，后者可以快速调度警力资源前往拥堵路口进行处理。

未来，随着人工智能技术的快速发展，百度地图智慧信号灯研判平台不但可以为交警等交管部门提供数据与方案支持，还将通过自动化、智能化控制解决路口拥堵问题，比如动态调整信号灯启亮时间等。这将显著提高交通管理水平与质量，降低人力、物力成本。

### 斑马：基于 AI 技术的智慧停车

车联网、人工智能、大数据等新一代信息技术在汽车领域的应用，使互联网汽车迎来快速发展期，而在人工智能等技术支持下，停车这一高频、刚需服务的巨大潜在价值有望得到充分发掘。

以互联网汽车解决方案提供商斑马智慧停车和上汽集团合作研发的中国首款互联网汽车荣威 RX5 为例，这款搭载斑马智慧停车系统及服务的车型，可以在北京、上海等国内 10 个城市的停车场（需要安装配套设备）中享受智慧停车服务。除了智慧停车外，在驾驶过程中，该车型车主还将收到系统推送的驾驶安全提醒、限行限速提示、附近停车场车位等信息。

斑马智慧停车和上汽集团在合作过程中，尤其注重系统、设备的兼容性，荣威 RX5、荣威 I6、荣威 RX3 等车型均具备不停车电子支付、车载导航一键查询停车位及停车费用等多种服务，能够为车主带来优良的用户体验，通过科技及服务赋能提高了荣威汽车的溢价能力。

对于智能交通产业而言，积累足够的数据资源是企业构建核心竞争力的重要组成部分，在发展之初，斑马智慧停车选择的是以普及率极高、门槛相对较低的智能手机为载体，为用户提供智慧停车服务。但这这种模式的缺点在于数据缺乏精准性，而且在驾驶中出于安全考虑，人们使用手机的时间相对较少。

为了解决这些问题，经过一段时间的积累后，斑马汽车开始和荣威等汽车品牌商合作，将智慧停车系统及配套设备安装到汽车车机中。这种情况下，系统可以在车主驾驶时实时搜集汽车运行数据，并为车主提供各种优质服务。

## 易华录：智能化交通管控平台

2016 年 9 月，易华录、百度及济南交警支队签署合作协议，将济南市作为"互联网＋智能交通管控平台"试点城市，实现百度离线地图和智能交通管控平台的融合应用。此次合作过程中，易华录选择了济南交警支队核心业务之一的指挥调度业务为切入点，在百度及济南交警支队的支持下，用 4 个月的时间逐步完成系统方案设计、研发对接、部署调适等工作，并开发出了"互联网＋指挥调度系统"。利用该系统，济南交警支队的智能调度业务效率得到大幅度提升，能够为济南市民提供更高水平的出行服务。

2016 年，易华录和公安部达成战略合作，实现了易华录智能交通管控平台和"公安部统一版集成平台"的无缝对接，为包括本地化交通调控、实战指挥、信息服务、运维管理、研判决策、查控执法在内的一系列公安交管服务提供强有力支持，易华录智能交通管控平台也因此而成为全国公安交管指挥网的一个重要组成部分。

作为国内乃至全球领先的科技巨头，百度通过布局电子地图、无人驾驶、车联网、智慧交通等，在互联网交通信息服务方面取得了较强的领先优势，可以为广大用户提供实时路况、路线规划、生活化POI服务等一系列优质服务。

2016年至今，易华录多次和百度进行合作。目前，双方已经建立起了长期稳定的合作关系，通过交通路况信息发布、POI服务、交通规则研判等方式，创造了巨大的经济效益与社会效益。